Haparanda
Kemi
Luleå
Piteå
Oulu
Bottenwiek
Küste der Bottenwiek
Umeå
Pietarsaari
Bottenmeer
Ostküste Bottenmeer
Pori
Rauma
Finnische Schären- und Fjordküste
Innerer Finnischer Meerbusen
ndinseln
Turku
Helsinki
S.-Peterburg
Mariehamn
SCHÄRENMEER
Finnischer Meerbusen
Tallin
Große Kalksteininseln
Glintküste in Estland
HIIUMAA
SAAREMAA
Rigaer Bucht
TLAND
Ventspils
Riga
Lettische Ausgleichsküste
Klaipéda
Kaliningrad
Küste der großen Nehrungen
Gdansk
Polen
Pfeifente
Silbermöwe
Zwergseeschwalbe

RICO NESTMANN

VÖGEL DER OSTSEE

RICO NESTMANN

VÖGEL DER OSTSEE

DEMMLER VERLAG

Bibliographische Informationen
der Deutschen Nationalbibliothek:
Die Deutsche Nationalbibliothek
verzeichnet diese Publikation in der
Deutschen Nationalbibliographie.
Detaillierte bibliographische Daten
sind im Internet abrufbar unter:
http://dnb.ddb.de

Demmler Verlag GmbH
Rico Nestmann
Vögel der Ostsee
Fotografien und Texte: Rico Nestmann
www.nestmanns-foto.de

An der Bäderstraße 7c
18311 Ribnitz-Damgarten
Tel. 03821 / 70 63 97
Fax: 03821/ 70 88 76
info@demmlerverlag.de
www.demmlerverlag.de

Karte: Matthias Reinicke
Layout: GrafikDesign Schwarz, Thiessow
Druck und Verarbeitung: Stadtdruckerei
Weidner, Rostock

Titelfoto: Sturmmöwen auf der Vogelinsel Langenwerder
Rücktitelfotos v.l.: Singschwan, Zwergseeschwalben, Säbelschnäbler
Foto auf Seite 2: Sturmmöwe im Flug
Foto rechts: Sonnenuntergang auf der Vogelinsel Walfisch

ISBN 978-3-910150-94-2

INHALT

Vorwort *6*

FRÜHLING *8*
An den Außenküsten *10*
Auf den Vogelinseln *32*
An den Bodden *58*
Im Küstenhinterland *76*

SOMMER *88*
Eine neue Seevogelgeneration *90*
Die Ruhe vor dem Sturm *98*

HERBST *100*
Kraniche – Vögel des Glücks *102*
Wildgänse – Gäste aus dem hohen Norden *112*
Watvögel – Wanderer am blauen Binnenmeer *126*

WINTER *132*
Auf dem Eis *134*
Auf offener See *144*

VOGELSCHUTZ *154*

Register und Vogelnamen *158*
Über den Autor *160*

VORWORT

Vögel üben auf viele Menschen eine Faszination aus – nicht nur, weil sie sich scheinbar so mühelos in die Lüfte erheben können, sondern auch als Begleiter der Menschen durch die Jahreszeiten. Vögel gehören natürlich auch zur Küste, wie Weite, Wind und Wellen. Ihr Rufen begleitet uns durch die Jahreszeiten: das „Kiewitt" der Kiebitze im Frühjahr, schrilles Möwen- und Seeschwalbenkreischen im Sommer, das Trompeten der Kraniche im Herbst oder die unverkennbaren Rufe der Singschwäne vom winterlichen Meer.

„Vögel der Ostsee" bringt vor allem die Küsten-, Wiesen-, Wat- und Wasservögel den Lesern und Betrachtern näher. Das Buch nimmt sie an die Brutplätze und Lebensräume mit, begleitet die Tiere – ob die Ostseeküste nun ihre Kinderstube oder das Überwinterungsgebiet ist. Dieser Bildband wirft vor allem auch fotografische Schlaglichter auf die Vögel in ihren jeweiligen Lebensräumen und zu den verschiedenen Jahreszeiten.

Obwohl Vögel auch unserer Region sich immer wieder an neue Veränderungen der Lebensräume anpassen mussten, haben vor allem in den letzten Jahrzehnten menschliche Einflüsse dazu geführt, dass einige Arten kaum noch Brutgebiete an unseren Küsten finden: Durch Eindeichungen von Salzwiesen und Entwässern von Feuchtwiesen verloren Vögel wie Rotschenkel, Kiebitze oder Uferschnepfen ihre Brutgebiete.

Strände, die früher willkommene Brutplätze für Seeschwalben und Sandregenpfeifer waren, werden heute täglich maschinell von Algen und Strandgut gereinigt. Um zumindest einige Küstenabschnitte für Natur und Vogelwelt zu erhalten, setzen sich WWF und andere Naturschutzverbände dafür ein, dass Nationalparks und Naturschutzgebiete eingerichtet werden, wo die Natur Vorrang hat. Dies betrifft auch Schutzgebiete auf dem Meer. Hier sind die Vögel auf Schutz der reichen Nahrung am Meeresgrund sowie Ruheräume an der Oberfläche angewiesen. Eisenten, Säger- und Taucherarten haben rund um Rügen ihre wichtigsten Überwinterungsgebiete in der Ostsee. Zu häufige Störungen durch Schifffahrt, Beifang durch Fischerei oder das Abbaggern von Kies kann zu ernsthaften Schädigungen der Lebensräume der Seevögel führen.

Ein erfreuliches Ergebnis der Naturschutzarbeit war die Erholung der Bestände von Seeadlern oder der Kraniche in den letzten Jahren. Dieses Buch mag ein Beitrag sein, dass noch mehr Menschen die Vögel der Ostsee kennen lernen und sich selbst für ihren Schutz interessieren und dabei mitwirken.

WWF Deutschland
Jochen Lamp
WWF-Projektbüro Ostsee
Stralsund

Für Deutschlands Wappenvogel, den Seeadler, kann auf dem Gebiet des Artenschutzes in den letzten Jahrzehnten eine Erfolgsgeschichte verbucht werden. Um 1900 in Deutschland fast ausgerottet, ziehen heute zwischen Ostsee und Alpen wieder mehr als 700 Brutpaare ihre Jungen auf. ▶

FRÜHLING

Wenn sich der Winter mit seiner kalten Pracht zurückgezogen hat, die Landstriche zwischen Bodden und Meer nicht mehr unter dem Einfluss von Frost, Eis und Schnee liegen, dann bricht für die Vögel der Ostsee die wichtigste Zeit des Jahres an – der Frühling. Die Vögel der Küste kehren in ihre Brutgebiete zurück, balzen und paaren sich, bauen Nester und legen Eier, füttern und führen die Jungen.

Vielgestaltig ist unsere Küstenlandschaft. Breiten Sandstränden werden durch das Meer auf der einen, durch zerklüftete Steilküsten auf der anderen Seite natürliche Barrieren gesetzt. Dünen und Heideflächen, dichte Gebüsche und Küstenwälder bilden den Übergang zum Binnenland. Die Boddengebiete sind große Flachwasserbereiche, umgeben von Salzwiesen. Saftige Weideflächen, üppige Schilfzonen und kleine Inseln geben den Küsten der südlichen Ostsee ein wechselvolles Gepräge. Alle diese Landschaftsformen werden von zahlreichen Vögeln aufgesucht und besiedelt. Seltene und geschützte Tierarten, die es teilweise nur hier gibt. Für viele Vögel ist die Ostseeküste nur Nahrungs- und Rastplatz auf ihren langen Wanderungen zwischen den nördlichen Brutgebieten und den südlichen Winterquartieren. Andere Arten überwintern hier, verbringen die kälteste Zeit des Jahres im Schutz der Landstriche zwischen Bodden und Meer. Die heimischen Brutvögel ziehen hier ihre Jungen auf.

Die Ostsee ist nur ein kleines Nebenmeer des Atlantiks, ihr Wasser ein Gemisch aus Salzwasser von der Nordsee und Süßwasser vieler Flüsse, die in sie münden. Ihre Fauna setzt sich aus Meeres- und Süßwassertieren zusammen – da machen auch die Vögel keine Ausnahme. So gibt es an den Küsten der Ostsee Vogelarten, die auch an der Nordsee brüten, aber auch jene Vögel, denen man nur an unseren Binnengewässern und in ihren Verlandungsgebieten begegnen kann.

Von zwei Faktoren wird das Vorkommen der Brutvögel entscheidend bestimmt: Es müssen in einem Brutgebiet einerseits ausreichende Nahrungsquellen, andererseits geeignete Nistplätze zur ungestörten Eiablage, Brut und Jungenaufzucht vorhanden sein. Solche Brutplätze sind selten geworden an der Ostseeküste, die jährlich von vielen Menschen besucht wird. Die Vögel nisten deshalb nur noch an wenigen Rückzugsstellen, meistens auf kleinen Inseln, die als Küstenvogelschutzgebiete besonders wertvoll und gesichert sind und zur Brutzeit nicht betreten werden können. Vogelwärter verrichten hier ihren ehrenamtlichen Dienst und sorgen mit ihrer Anwesenheit dafür, dass die Seevögel ungestört nisten können. Natürlich stehen dabei auch Nestkontrollen sowie wissenschaftliche Untersuchungen der Küstenvögel auf dem Programm. Nur das, was der Mensch in ausreichendem Maße kennt, vermag er auch zu schützen.

Seltener Anblick und Sinnbild für den Frühling – eine Sturmmöwe auf dem Weg zu ihrem Nest, umrahmt von den zart-rosa Blüten der Grasnelke. ▶

An den Außenküsten

Durch Brandung und Wellenschlag werden die Küsten der Ostsee ständig verändert und geformt. Land wird abgetragen, durch küstennahe Strömungen fortgeschwemmt und später wieder abgelagert. Frostverwitterung und Seegang führen zu einem kontinuierlichen Rückgang der Steilküsten, der im Mittel um 30 bis 40 Zentimeter pro Jahr beträgt.

Strände

Besonders die Strände – die schmalen Küstenstreifen aus feinem Sand, kleinen Kieselsteinen, Muscheln und Geröll – sind den Kräften der See schutzlos ausgeliefert. Sturmfluten, Gischt und Eisgang setzen diesem Lebensraum auf Zeit unaufhörlich zu. Eine Vogelart mag als Sinnbild für diesen Lebensraum am Meer gelten – der *Sandregenpfeifer*. Dieser kleine Watvogel nutzt für Brut und Jungenaufzucht jenen Naturraum zwischen Spülsaum und Düne, den auch der Mensch in großem Umfang beansprucht – die weißen Sand-, Kies- und Muschelstrände. Dort, wo der inzwischen stark bedrohte Sandregenpfeifer eine flache Mulde in den Sand dreht, diese mit kleinen Kieselsteinen und Muschelbruchstücken „auspolstert" und seine Eier in Tarnfleckenoptik hineinlegt – genau dort baut der Mensch seine Strandmuscheln auf, wedelt mit bunten Badetüchern durch die Luft und erfüllt die vormals stillen Ufer mit Lärm. An einigen Stränden der Ostseeküste, die geschützt liegen und die der Mensch nicht betreten darf, findet der kleine Sandregenpfeifer letzte Brutbiotope. Dieser Vogel ist in seinem äußeren Erscheinungsbild unverkennbar. Dieses wird in erster Linie durch das schwarze Brustband sowie durch das ebenso gefärbte Stirn- und Augenband geprägt. Markant sind auch die hellbraunen Flügeldecken, die orangefarbenen Beine sowie der ebenso gefärbte Schnabel mit schwarzer Spitze. Dieser Watvogel ist perfekt an ein Leben zwischen Spülsaum und Düne angepasst. Legt er sich zum Brüten nieder und bewegt sich nicht, verschmilzt er förmlich mit seiner Umgebung.

Der Sandregenpfeifer bewohnt den unmittelbaren Lebensraum am Meer. ◀

Die Küsten der Ostsee sind der ständig wirkenden Kraft von Wind und Wellenschlag ausgesetzt. ▶

Blick auf eine kostbare Naturlandschaft zwischen Bodden und Meer – der Nationalpark „Vorpommersche Boddenlandschaft" im Bereich der Ostseeinseln Rügen und Hiddensee. ▶▶

Ansonsten rennen die lebhaften Regenpfeifer kurze Strecken flinken Schrittes, halten an und horchen mit schiefem Kopf, dabei mit den Füßen den Boden betrommelnd – und fressen die so aufgescheuchten und entdeckten Kleintiere durch Aufpicken.
Liegen die Strände extrem geschützt, brütet in Nachbarschaft des Sandregenpfeifers auch die stark bedrohte *Zwergseeschwalbe*. Sie nutzt den gleichen Lebensraum, legt ihre Nester in gleicher Weise an und vertraut wie die Regenpfeifer auf den natürlichen Tarneffekt des Geleges. Wird der Brutplatz nicht durch äußere Einflüsse verraten, sind die Eier weder aus der Luft, noch aus geringer Entfernung von Land auszumachen.

Hin und wieder nutzen Sandregenpfeifer bei der Auswahl des Neststandortes auch die spärlich vorhandene Vegetation der Sand- und Geröllstrände. ▶

Für Brut- und Jungenaufzucht wählt der Sandregenpfeifer in der Regel den Naturraum zwischen Spülsaum und Düne – die weißen Sand-, Kies- und Muschelstrände. ▼

Bei Gefahr verharren Sandregenpfeiferküken regungslos am Boden. Beim so genannten „Drücken“ vertrauen die Vögel auf ihre Tarnfärbung. ▲

Das Vollgelege des Sandregenpfeifers besteht aus vier Eiern, die in einer flachen Mulde mit dem spitzen Pol einander zugewandt abgelegt werden. ▲

Die kleinste europäische Seeschwalbenart, die nur etwa so groß wie ein Mauersegler ist, fällt an der Ostsee durch ihren schnellen Flügelschlag und ihren häufigen Rüttelflug auf. Die Beine sind gelb, ebenso der Schnabel, den eine schwarze Spitze ziert. Obwohl beide Strandvogelarten das gleiche Brutbiotop beanspruchen, besetzen sie unterschiedliche Nahrungsnischen. Während Sandregenpfeifer kleine Insekten und Ringelwürmer fressen, ernähren sich Zwergseeschwalben von kleinen Fischen. Durch wechselnde Pegelstände sind die Brutreviere von Sandregenpfeifer und Zwergseeschwalbe als Lebensräume auf Zeit bedroht und fallen nicht selten während der Brutzeit dem Hochwasser zum Opfer.

Sandregenpfeifer rennen kurze Strecken flinken Schrittes, halten an und horchen mit schiefem Kopf, dabei mit den Füßen den Boden betrommelnd. Die so aufgeschreckten Kleintiere erbeuten sie durch Aufpicken. ◀

Bei der Paarbildung und Balz der Zwergseeschwalben versucht das Männchen das Herz seiner Auserwählten mit kleinen Hochzeitsgeschenken in Form frisch gefangener Fischlein zu gewinnen. ▼

An der Ostsee fallen Zwergseeschwalben durch ihren schnellen Flügelschlag und den häufigen Rüttelflug auf. ▲

Das Vollgelege eines Zwergseeschwalbenpaares umfasst drei Eier. Beide Eltern kümmern sich um das Brutgeschäft und die Aufzucht der Jungen. ▲

Zwergseeschwalben nutzen den gleichen Lebensraum wie Sandregenpfeifer. Auch sie vertrauen einzig und allein auf die Tarnfärbung ihrer Eier. ▲

Europas kleinste Seeschwalbe gehört zu den seltensten Brutvögeln der südlichen Ostsee. Ihre Lebensräume sind in zunehmendem Maße bedroht. ▶

Steilküsten

Ein anderer wichtiger Naturraum für die Vögel der Ostsee sind die Steilküsten. Die glatten Wände dieser senkrecht abfallenden Kliffs werden von Schwalben besiedelt – überwiegend von der *Uferschwalbe*. Das sind echte Schwalben, die mit den größeren Seeschwalben aus der Familie der Möwen nur den tief gegabelten Schwanz und den zweiten Teil des Namens gemeinsam haben. Die Uferschwalbe, die zu den Singvögeln gehört, ist Europas kleinste und zierlichste Schwalbe. Sie brütet in Erdhöhlen, die vornehmlich in Steilküsten aus Sand und Mergel gegraben werden. Am Ende eines 60 bis 90 Zentimeter langen Ganges liegt eine Nestkammer, die weich mit Stroh, Pflanzenresten und Federn ausgepolstert wird. Gang und Kammer werden von beiden Altvögeln selbst gegraben. Uferschwalben sind oberseits braun gefärbt, während die Körperunterseite rein weiß ist. Dazwischen liegt ein braunes Brustband, das einen auffallenden Kontrast zum hellen Untergrund bildet. Uferschwalben brüten in Kolonien. Ihr Vorkommen hängt von der Verfügbarkeit geeigneter Steilwände ab und ist daher an der Ostseeküste gestreut. Uferschwalben ernähren sich von kleinen Insekten, die zumeist im Flug dicht über dem Wasser gefangen werden.

Uferschwalben bewohnen die offene Landschaft und suchen an der Ostseeküste die Nähe zu Steilküsten. ▼

Für das Anlegen ihrer Bruthöhlen bevorzugen Uferschwalben Steilwände mit weicheren Sand- und Erdschichten. ▶

Blick auf Deutschlands bekannteste Steilküste aus der Vogelperspektive – das Kap Arkona im Norden der Ostseeinsel Rügen. ▶▶

Die Uferschwalbe ist die kleinste und zierlichste Schwalbenart Europas. ▲

Uferschwalben jagen kleine Insekten, die sie im Flug über dem Wasser erbeuten. ▲

Uferschwalben nisten kolonieweise in selbst gegrabenen Bruthöhlen. ▲

Wenn die jungen Uferschwalben im Spätsommer ihre Kinderstuben in der Steilwand verlassen, herrscht an den Einflugschneisen mitunter ein dichtes Gedränge. ▲

Am Ende einer 60 bis 90 Zentimeter langen Brutröhre liegt eine Nestkammer, die weich mit Stroh, Pflanzenresten und Federn ausgepolstert wird. Uferschwalben legen drei bis sieben weiße Eier, die von beiden Eltern gleichermaßen häufig bebrütet werden. Auch um die Aufzucht der Jungen kümmern sich beide Altvögel. ▲

Wenn es die Steilwand hergibt, werden zur Landung auch gern aus dem Erdreich herausragende Wurzeln genutzt. ◀

Dünen

Obwohl die Dünen von den Ostseevögeln in der Regel nicht direkt als Brutstätte genutzt werden, spielen sie als Rückzugsgebiete und Ruhestätten bei vielen Arten dennoch eine wichtige Rolle. Besonders zum Sonnenbaden und Ausruhen versammeln sich hier Arten, die tagsüber viel Zeit zwischen Spülsaum und Düne verbringen. Der in den Dünen wachsende Strandhafer bietet Schutz vor dem Wind und beherbergt viele Insekten. Diese wiederum sind eine wichtige Nahrungsgrundlage für Uferschwalben.
Hinter Strand, Kliff und Düne liegen häufig flache Hochufer, in denen die *Brandgans* brütet. Diese farbenprächtige Gans – zuweilen auch Brandente genannt, weil sie systematisch zwischen den Gänsen und den Enten steht – brütet bevorzugt in verlassenen Fuchs- und Kaninchenbauen. Finden Brandgänse nicht genügend Höhlen, legen sie im schützenden Dickicht Freinester an. Ein unverkennbarer Wasservogel, der aus größerer Entfernung schwarzweiß wirkt – besonders im Flug. Während bei Brandgänsen der Kopf und der Oberhals schwarzgrün gefärbt sind, steht der weiße Körper im Kontrast zu einem breiten, rostfarbenen Band um Brust und Halsansatz. Die Schultern und die Handschwingen sind schwarz, der Flügelspiegel ist grün. Zu beobachten sind Brandgänse paarweise sowie in kleineren und größeren Gruppen in den Flachwasserbereichen der Bodden- und Ostseeküste, wo sie wirbellose Nahrungstierchen durch Gründeln im Schlick erbeuten.

Brandgänse sind ebenso farbige wie unverkennbare Wasservögel, die aus größerer Entfernung schwarzweiß wirken. ▼

Dünen werden von den Vögeln der Ostsee häufig als Rückzugsgebiete und Ruhestätten genutzt. Für Brut- und Jungenaufzucht spielen sie dagegen kaum eine Rolle. ▲

Brandgänse sind vor der Brutzeit im freien Gelände meistens paarweise anzutreffen. Die Wasserflächen hinter den Dünen werden von den schmucken Wasservögeln nicht nur zur Nahrungssuche, sondern auch für Balz und Paarung genutzt. ◀

Der in den Dünen wachsende Strandhafer bietet Schutz vor dem Wind und beherbergt viele Insekten. ▶▶

Den gleichen Lebensraum zwischen Wasserkante und Hochufer bewohnt auch der *Mittelsäger*. Dieser Tauchentenvogel nutzt – ähnlich wie die Brandgans – versteckte Plätze unter Sanddorn-, Weißdorn- und Schlehdornbüschen zum Brüten. Das Nest ist so getarnt, dass man es nur entdeckt, wenn das brütende Weibchen bei Annäherung die Nerven verliert und den Standort des Geleges durch Auffliegen verrät. Auch Höhlen im Erdboden und solche, die durch Gegenstände entstanden, werden angenommen. Von seinen artverwandten Enten unterscheidet sich der Mittelsäger durch seinen schmalen Schnabel, der an den Leisten sichtbar mit nach hinten gerichteten Hornzähnchen ausgestattet ist. Sie verleihen dem Schnabel das Aussehen einer Säge – daher auch der Name. Weil dieser Säger mit Blick auf seine Größe zwischen dem Gänsesäger und dem Zwergsäger steht, heißt er Mittelsäger. Dieser fast stockentengroße, schlanke Säger besitzt einen roten Schnabel sowie eine zerzauste, zweiteilige Haube am Hinterkopf.

Das Männchen des Mittelsägers fällt durch seinen roten Schnabel und den struppigen Hinterkopf sehr gut auf. ▶

Wie bei allen Entenvögel ist auch das Weibchen des Mittelsägers (vorn) eher schlicht gefärbt. So ist es beim Brüten der Umgebung des Nestes perfekt angepasst. ▼

Auf den Vogelinseln

Zu den besonderen Ostseelandschaften gehören die so genannten Küstenvogelschutzgebiete. Das können kleine Inseln, Halbinseln oder geschützt liegende Festlandbereiche sein. Da es sich bei den meisten dieser relativ kleinen Schutzgebiete jedoch um Inseln handelt, spricht man im Volksmund von Seevogelinseln. Im Bereich der südlichen Ostsee gibt es eine Vielzahl dieser besonderen Rückzugsgebiete für seltene Seevogelarten. Allein an der Küste Mecklenburg-Vorpommerns existieren 31 Küstenvogelschutzgebiete. Dazu gehören unter anderem die Vogelinseln Langenwerder, Beuchel, Heuwiese, Liebitz und Vilm. Sieben dieser kleinen Eilande liegen im Nationalpark „Vorpommersche Boddenlandschaft“.

Möwen

Möwen gehören zur Meeresküste wie der feine Sand, das Rauschen der heranrollenden Wellen und der salzige Geruch der See. Die weißen Segler im Wind sind es, die der Küstenlandschaft ihren unverwechselbaren Stempel aufdrücken. Ein Meeresstrand ohne diese kraftvollen und gewandten Flieger würde uns leer erscheinen, eine Bootsfahrt ohne den Anblick ihrer weißen Schwingen wäre um ein Vielfaches ärmer. Von den Möwen, die an unserer Ostseeküste am häufigsten vorkommen, sind drei Arten ständige und verbreitete Brutvögel: *Silbermöwe, Sturmmöwe* und *Lachmöwe*. Sie brüten in Kolonien am Boden. Das Brutrevier eines Möwenpaares umfasst nur den engsten Nestbezirk. Der Radius um Gelege und Jungen wird recht eng gefasst. Nur so weit, dass der anwesende Altvogel das Territorium mit Hieben in Reichweite des Schnabels verteidigen kann. Massenansammlungen von Möwen in Brutkolonien sind wirksame Schutzgemeinschaften gegen natürliche Feinde. Die *Silbermöwe* fällt durch ihre Größe, ihre grauen Flügeldecken mit schwarzen Spitzen, ihren gelben Schnabel und ihre fleischfarbenen Beine sehr gut auf. Um 1930 war sie noch ein seltener und von Vogelschützern umsorgter Brutvogel, dann nahm der Bestand allmählich zu und wuchs bis heute auf eine solide Zahl.

Die Silbermöwe ist eine der häufigsten Möwenarten an der Ostsee. Sie fällt bereits durch ihre beachtliche Größe auf. ◀

Da Vogelinseln für viele Brutvogelarten letzte Rückzugsgebiete darstellen, treten sie hier oftmals in großer Zahl auf. In den Möwenkolonien herrscht ein ausgeprägtes Sozialverhalten. ▶

Blick auf das Rügener Küstenvogelschutzgebiet Beuchel im Breetzer Bodden. ▶

In den Brutgebieten Mecklenburg-Vorpommerns, dem Kernvorkommen der Küstenvögel in der südlichen Ostsee, leben derzeit 3.000 Brutpaare. Wo Silbermöwen in Küstenvogelschutzgebieten brüten, fressen sie Eier und Jungvögel seltener Arten und können entscheidend zu deren Bestandsrückgang beitragen. Diese Großmöwe findet überall in der vom Menschen geprägten Kulturlandschaft einen reich gedeckten Tisch. Die *Sturmmöwe* sieht der Silbermöwe recht ähnlich, ist aber viel kleiner, besitzt keinen roten Fleck am gelben Schnabel und hat im Gegensatz zu ihrer auffallend größeren Schwester gelbgrüne Beine. Erwachsene Sturmmöwen besitzen – ähnlich wie Silbermöwen – ein schwarzweißes Handschwingenmuster, das aber deutlich größere, weiße Fenster zeigt. Die bräunlichen Jungvögel beider Arten unterscheiden sich in erster Linie durch ihre unterschiedliche Größe.

Wie im Binnenland ist auch am Ostseestrand die *Lachmöwe* die häufigste Möwenart. Ihre schokoladenbraune Kopfmaske macht sie im Sommerhalbjahr unverkennbar. Im Winterkleid zieren dagegen nur noch zwei dunkle Flecken hinter den Ohren und vor den Augen den sonst reinweißen Kopf. Auffallend sind zu allen Jahreszeiten die roten Beine und der rote Schnabel dieser Möwe. Unverkennbare Merkmale sind außerdem die weißen Ränder an den Vorderflügeln sowie die schwarzen Flügelspitzen. Wo es zu großen Koloniebildungen kommt, werden seltene oder gar vom Aussterben bedrohte Seevogelarten angelockt. So brütet an den Küsten der Ostsee beispielsweise die bedrohte Brandseeschwalbe fast ausschließlich im Schutz größerer Lachmöwenkolonien. Gegenwärtig brüten an den Küsten und auf den Vogelinseln Mecklenburg-Vorpommerns 10.000 Lachmöwenpaare.

Als unverkennbare Artmerkmale besitzen erwachsene Silbermöwen einen gelben Schnabel mit rotem Fleck sowie fleischfarbene Beine. ▲

Auf Vogelinseln leben Silbermöwen zumeist räuberisch und verschmähen selbst Eier und Jungvögel ihrer unmittelbaren Brutnachbarn nicht. ◀

Wie allen Großmöwen steht auch Silbermöwen an der Ostseeküste ein reichhaltiges Nahrungsspektrum zur Verfügung. Dem maritimen Lebensraum angepasst, fressen diese Möwen häufig auch Muscheln. ▲

Silbermöwen sind fürsorgliche Eltern, die den Nachwuchs mit einer Art Nahrungsbrei füttern. Das sind vorverdaute Meerestiere, die auf offener See erbeutet und im Magen zur Brutstätte transportiert werden. Der rote Fleck am Schabel des Altvogels löst beim Küken ein Picken aus. ▲

Wenn sich ein Sturmmöwenpaar gefunden hat, ist es meistens nur noch zu zweit anzutreffen. Das gilt für den unmittelbaren Neststandort ebenso wie für das angrenzende Umfeld. ▲

Ist ein passender Neststandort gefunden, legt das Sturmmöwenpaar im Grasland eine flache Mulde an, in der als Vollgelege drei Eier liegen. Wie bei allen Bodenbrütern sind diese auf hellem Grund dunkel gefleckt. Beide Eltern brüten und füttern die Jungen. ◀

Sturmmöwen sind standorttreu und kehren immer zu ihrem Geburtsort zurück. Auf der Vogelinsel Langenwerder, die 1910 als erstes Küstenvogelschutzgebiet Mecklenburg-Vorpommerns ausgewiesen wurde, existiert mit 2.400 Brutpaaren die größte Sturmmöwenkolonie der südlichen Ostsee. ▶

Lachmöwen, die im Sommerhalbjahr mit ihren schokoladenbraunen Köpfen sehr gut auffallen, sind in der Brutkolonie mitunter zänkisch. Immer dann, wenn der Nachbar die unsichtbare Grenze zum Nestbezirk übertritt. ▲

Wie bei allen Möwen sind auch die Küken der Lachmöwe Nestflüchter. Sobald sie nach dem Schlüpfen getrocknet sind, verlassen sie das Nest. Dabei werden sie immer von einem Altvogel bewacht und umsorgt. ◀

An der Ostseeküste gibt es nur noch wenige Plätze, an denen Lachmöwen in großer Zahl brüten können. Immer dort, wo sich unsere häufigste heimische Möwenart niederlässt, ist auch die Brandseeschwalbe als Brutvogel zu finden. ▶

Ein eher seltener Gast auf hiesigen Vogelinseln ist die Schwarzkopfmöwe. In Ermangelung geeigneter Brutpartnerinnen versuchen die Männchen der Schwarzkopfmöwe oftmals bei Sturmmöwenweibchen ihr Glück. Da das Balzverhalten jedoch nicht in vollem Umfang übereinstimmt, hagelt es meistens Schnabelhiebe. ▲

Obwohl Schwarzkopfmöwen an den Küsten der südlichen Ostsee nur selten anzutreffen sind, fallen sie dennoch sehr gut auf. Der schwarze Kopf und der weiße Augenring sind unverkennbare Merkmale. ◀

In Mecklenburg-Vorpommern sind Schwarzkopfmöwen seit einigen Jahren auf der Vogelinsel Langenwerder regelmäßig anzutreffen. ▶

Blick auf die Rügener Vogelinsel Heuwiese aus der Vogelperspektive. ▶▶

Von der *Schwarzkopfmöwe*, der *Mantelmöwe* und der *Heringsmöwe* brüten jährlich nur einzelne Paare an unserer Küste. Die kleinste Möwe Europas, die *Zwergmöwe*, kann während ihres Durchzuges in den Sommermonaten an den Küsten der südlichen Ostsee beobachtet werden.

Seeschwalben

Die Seeschwalben, die zur Familie der Möwen gehören, verdanken ihren Namen der Ähnlichkeit ihres Flugbildes mit dem der Schwalben. Wie die kleineren Insektenfresser, von denen sich die Mehl- und die Rauchschwalbe weitgehend dem Menschen angeschlossen haben, besitzen auch Seeschwalben einen tief gegabelten Schwanz. Dadurch kann man sie im Flug leicht von echten Möwen unterscheiden, deren Schwanz stets abgerundet ist. Selbst dann, wenn Seeschwalben zum Ausruhen und Verweilen gelandet sind, wirken ihre zusammengefalteten Flügel wie Spieße, die bis zum Körperende oder darüber hinaus reichen. Viele Küstenbewohner sprechen von den „Kleinen Möwen", wenn sie Seeschwalben meinen. Gar nicht so abwegig, denn auch in der Färbung ähneln sie ihren größeren Verwandten außerordentlich. Seeschwalben sind längst nicht so häufig wie Möwen. Jahr für Jahr wird um den Fortbestand der Bestände gerungen. Auf Störungen reagieren diese eleganten Flieger und rasanten Fischjäger sehr empfindlich, weshalb ihre Kolonien auf den kleinen Vogelinseln nicht streng genug geschützt werden können.

Fünf Seeschwalbenarten brüten an unserer Küste, von denen die *Flußseeschwalbe* die häufigste ist. Die *Küstenseeschwalbe* sieht ihr sehr ähnlich, ist aber viel seltener. An den Küsten Mecklenburg-Vorpommerns gibt es nur noch ein Gebiet, in dem die Küstenseeschwalbe brütet – die Vogelinsel Langenwerder. Dieses kleine Eiland vor der größeren Inselschwester Poel ist das letzte Rückzugsgebiet dieser bedrohten Vogelart an unseren Küsten. Drei wesentliche Merkmale können herangezogen werden, um Fluß- und Küstenseeschwalben sicher bestimmen und voneinander unterscheiden zu können: Beide Seeschwalbenarten haben einen roten Schnabel, jedoch besitzt die Küstenseeschwalbe keine schwarze Spitze. Im Stehen sind die Beine der Küstenseeschwalbe deutlich kürzer – sie hat nur kleine „Stummelfüßchen".

Die Flußseeschwalbe besitzt einen blutroten Schnabel mit schwarzer Spitze. Diese fehlt bei der sehr ähnlich aussehenden Küstenseeschwalbe. ◀

Beim Flugbild der Flußseeschwalbe fällt auf, dass nur die äußeren Schwungfedern – also die Handschwingen – lichtdurchlässig sind. ▶

Während alle anderen Seeschwalbenarten der Ostsee nur im Bereich der Küste brüten, findet man Flußseeschwalben auch im Binnenland. ▶

Der lange Schwanz der Küstenseeschwalbe überragt die zusammengefalteten Flügel deutlich. Die Nahrung beider Seeschwalbenarten besteht vorwiegend aus kleinen Fischen, die im Flug über das Wasser ausfindig gemacht und anschließend stoßtauchend erbeutet werden. Die Stromlinienform des Körpers – unterstrichen durch den langen, spitzen Schwanz – verringert bei der Jagd den Luft- und Wasserwiderstand. Bei erfahrenen Altvögeln verläuft eine solche Jagd selten erfolglos. Während Flussseeschwalben dem Namen nach auch im Binnenland brüten, sind die anderen heimischen Seeschwalbenarten nur an der Küste zu Hause.

Die *Brandseeschwalbe* unterscheidet sich deutlich von den anderen Arten. Einerseits ist sie etwa so groß wie eine Lachmöwe und damit die größte heimische Seeschwalbenart an der Ostseeküste, andererseits besitzt sie als einzige hier heimische Art schwarze Beine und Füße sowie einen ebenso gefärbten Schnabel. Zusätzlich besitzt dieser als unverkennbares Merkmal eine gelbe Spitze. Brandseeschwalben haben graue Flügeldecken und tragen eine schwarze Kappe, die am Hinterkopf zersaust ist. Ganz oben auf ihrer Beuteliste stehen die schlanken Tobiasfische.

Die Küstenseeschwalbe zieht weiter als die meisten Vögel. Sie kann bis zu 80.000 km im Jahr auf dem Zug sein, denn sie fliegt vom arktischen Norden zum Rande des antarktischen Packeises und umkreist dort vor der Heimreise die Welt einmal von West nach Ost. ▼

Küstenseeschwalben sind faszinierende Vögel, die in Mecklenburg-Vorpommern als Brutvögel nur noch auf der Vogelinsel Langenwerder in der Wismarbucht zu finden sind. ▶

Zur Gefiederpflege setzen sich Küstenseeschwalben gern auf erhöhte Punkte im Gelände, um stets eine gute Übersicht zu haben. ▶

Viel zierlicher als die Brandseeschwalbe ist die an der Ostseeküste vom Aussterben bedrohte *Zwergseeschwalbe* (siehe auch Kapitel „An den Außenküsten“). Ihre kleinen Kolonien legen diese wunderschönen und possierlichen Vögel abseits anderer Vogelarten auf Sand- und Kiesstränden an. Dort sind sie jedoch mehr dem Hochwasser ausgesetzt, nestplündernde Möwen und Krähen haben bei ihnen eher Erfolg als in großen Brutkolonien.
Der größte Vertreter der Seeschwalben an der Ostseeküste, der hier nur vereinzelt brütet und vornehmlich bei seinen Wanderungen in den Sommermonaten beobachtet werden kann, ist die *Raubseeschwalbe*. Diese Art fällt allein durch ihre Größe sowie durch den mächtigen, blutroten Schnabel auf.

Wenn die jungen Brandseeschwalben geschlüpft sind, verweilen sie noch geraume Zeit am Nest in der Kolonie. Dabei werden sie stets von einem Altvogel bewacht. ▼

Brandseeschwalben leben in dichteren Kolonien als Fluß- und Küstenseeschwalben. Bei der Gründung dieser Brutgemeinschaften sind Brandseeschwalben auf das Vorhandensein von Lachmöwen angewiesen. ▶

Die Brandseeschwalbe ist die größte heimische Seeschwalbenart an der Ostseeküste und besitzt als einzige hier heimische Art schwarze Beine und Füße sowie einen ebenso gefärbten Schnabel. ▶

Brandseeschwalben legen zwei rahmbraune Eier mit dunklen Flecken, die sich in einer flachen Vertiefung im Sand oder Kies befinden. Beide Eltern brüten und füttern die Jungen. ▶

Watvögel

„Die im Schlamm Grabenden“ – so lässt sich das aus dem Lateinischen stammende Wort „Limikolen“ übersetzen. Jene wissenschaftliche Bezeichnung, die den Watvögeln gilt. Der lateinische Fachbegriff beschreibt ganz vortrefflich das markante Verhalten dieser Vögel bei der Nahrungssuche. Die meisten Arten besitzen einen äußerst feinfühligen Schnabel, der ihnen das Auffinden von Beutetieren im Boden, unter Steinen sowie am oder im Wasser ermöglicht. Einer der auffälligsten Vertreter der Ostseewatvögel ist der prächtige *Säbelschnäbler*. Der Name wird verständlich, wenn man den schwarzweißen Vogel mit dem säbelartig aufwärts gebogenen Schnabel gesehen hat. Diese Vögel besitzen nicht einfach nur einen Schnabel, sondern ein wunderbar angepasstes Instrument, mit dem eine spezielle Art der Nahrungsaufnahme möglich wird. Mit halbkreisförmigen, hin und her gehenden Bewegungen des Kopfes filtert der Säbelschnäbler kleine Wassertiere und Krebse aus dem Flachwasser heraus. Durch diesen Nahrungserwerb nehmen diese Vögel innerhalb der Gruppe der Limikolen eine Sonderstellung ein. Säbelschnäbler sind an den Küsten der Ostsee stark bedroht – in Mecklenburg-Vorpommern gibt es gegenwärtig nur noch 120 bis 140 Brutpaare.

Einer der auffälligsten Vertreter der Ostseewatvögel ist der prächtige Säbelschnäbler. Der Name wird verständlich, wenn man den schwarzweißen Vogel mit dem säbelartig aufwärts gebogenen Schnabel gesehen hat. ▼

Säbelschnäbler suchen ihre Nahrung im Flachwasser und entlang der Flutzone. Dabei wird der Schnabel von Seite zu Seite in zwei bis drei Zentimetern Tiefe durch den Schlick gemäht. Sie ernähren sich von Wasserinsekten, Krebsen, Amphibien, Fischen und Würmern. ▶

Ebenfalls unverkennbar ist der schwarz-weiß-rote *Austernfischer*. Obwohl dieser Watvogel auch an der Ostseeküste beheimatet ist, gilt er eher als Sinnbild für die Nordsee. Austern fischen diese Vögel an der Ostsee zwar nicht, dafür aber Herz-, Sandklaff- oder Miesmuscheln. Mit ihren kräftigen Schnäbeln, die wie Meißel eingesetzt werden, können Austernfischer alle Muscheln mühelos öffnen. Somit nutzen sie ein Beutespektrum, das für andere Ostseevögel nicht erreichbar ist. Der Brutbestand dieser Vögel an den Küsten Mecklenburg-Vorpommerns bewegt sich momentan bei 110 bis 130 Brutpaaren.
Auch die auffällige und prächtige *Uferschnepfe* ist ein Charaktervogel der Boddenwiese, wenngleich diese Watvogelart in unseren Breiten als stark gefährdet gilt. Die Uferschnepfe ist ein großer Watvogel mit langen Beinen und langem Schnabel. Im Brutkleid sind Kopf, Hals und Brust rostbraun gefärbt. Der Bauch ist weiß und trägt eine schwarzbraune Bänderung. In allen Kleidern der Uferschnepfe fallen die breiten, weißen Flügelbinden sowie der weiße Schwanz mit einer breiten, schwarzen Endbinde auf.

Austernfischer suchen in der Brandung und im Spülsaum nach Nahrung. Sie sind ausgesprochen soziale Vögel, die mitunter in großen Trupps umherziehen. ▼

Der Austernfischerschnabel ist nicht nur bestens an den Verzehr von Weichtieren angepasst, sondern stellt auch ein perfektes Werkzeug zum Aufhämmern von Muscheln dar. ▶

Säbelschnäbler legen vier Eier in eine offene Bodenmulde in der Wiese, auf Sand oder trockenem Schlick. ▶

Durch die intensive Grünlandnutzung wurden die Lebensräume dieser Watvogelart in den vergangenen Jahrzehnten immer mehr eingeengt. Heute gibt es in Mecklenburg-Vorpommern nur noch 60 bis 80 Brutpaare.
Auch der *Rotschenkel* ist eine Art, die an den Küsten der Ostsee als Brutvogel immer seltener wird. Dieser Watvogel konnte auch dadurch überleben, da er bei der Wahl seiner Brutgebiete nicht mehr ganz so wählerisch ist. Maßnahmen der Melioration sowie die moderne Grünlandbewirtschaftung schränken die Brutmöglichkeiten der Rotschenkel immer weiter ein. Somit haben sich auch diese Vögel weitgehend in den Schutz der kleinen Seevogelinseln zurückgezogen, in denen sie in überschaubarer Zahl brüten. In Mecklenburg-Vorpommern wird der Gesamtbestand des Rotschenkels hier gegenwärtig auf 150 bis 180 Brutpaare beziffert. Rotschenkel sind lebhafte, braune Watvögel mit leuchtend orangeroten Beinen und einem ebenso gefärbten Schnabel. Im Flug ragen die Beine des Rotschenkels über das Schwanzende hinaus und auch die weißen Flügelspiegel kennzeichnen die Art.

Auch andere Watvogelarten wie Alpenstrandläufer und Kampfläufer haben an der Ostsee so stark abgenommen, dass sie bei uns vom Aussterben bedroht sind. 2009 wurden auf den Vogelinseln Mecklenburg-Vorpommerns lediglich sieben Brutpaare des Alpenstrandläufers und nur zwei Brutpaare des Kampfläufers nachgewiesen. Der *Kampfläufer* ist eine besonders interessante Art dieser Vogelgruppe: Jedes Frühjahr treffen sich die Männchen, die vollkommen unterschiedlich gefärbte Federhauben und Halskränze tragen, an der Ostseeküste auf bestimmten Plätzen zur Gemeinschaftsbalz. Die prächtigen Männchen wollen die schlicht gefärbten und deutlich kleineren Weibchen nicht allein mit ihrem Aussehen beeindrucken, sondern liefern sich mit den anderen Rivalen in der Freiluftarena atemberaubende Kämpfe. Dabei bleibt es jedoch bei Scheinattacken, mit denen sich die Männchen gegenseitig beeindrucken und die Weibchen anlocken. Die Hähne sind so unterschiedlich gefärbt, dass keiner dem anderen gleicht. Die bräunlichen Weibchen besuchen die Balzplätze nur zur Paarung – sie betreiben Nestbau, Brut und Jungenaufzucht allein.

Wie alle Watvögel verlassen auch kleine Uferschnepfen bald nach dem Schlupf das Nest. Unter den wachsamen Augen der Altvögel erkunden die Küken auf kräftigen Beinen die Umgebung. Die nassen Wiesen und Weiden, auf denen Uferschnepfen brüten, bieten den Jungvögeln ausreichend Nahrung. ◀

Uferschnepfen sind große Watvögel mit langen Beinen, die durch ihr rostbraunes Gefieder sehr gut auffallen. Außerhalb der Brutzeit bilden Uferschnepfen große Verbände. In den Überschwemmungszonen der Flüsse Niger und Mali sowie des Tschadsees versammeln sich bis zu 100.000 Uferschnepfen. ▶

Rotschenkel sind lebhafte, braune Watvögel mit leuchtend orangeroten Beinen und ebenso gefärbten Schnäbeln. Am Brutplatz sind sie die nimmermüden Wächter, die beim geringsten Alarmzeichen zu rufen anfangen. ▲

Frisch geschlüpfte Rotschenkel bei der wissenschaftlichen Begutachtung. Dieses Foto mag Sinnbild für die Zukunft der Seevögel sein, die in der Hand des Menschen liegt. ◀

Die vollkommen unterschiedlich gefärbten Kampfläufermännchen tragen auf Turnierplätzen inmitten der Wiese ihre Spring- und Fechtduelle aus. ▶

Bevor das Duell der Kampfläufermännchen beginnt, setzen sich die Kontrahenten auf erhöhten Punkten im Gelände entsprechend in Szene. ▶

Im Gegensatz zum Balz- und Hochzeitskleid präsentieren sich Kampfläufer außerhalb der Brutzeit eher schlicht. ▶

An den Bodden

Zwischen den Meeresufern und dem Küstenhinterland liegen die Boddengebiete. Große Flachwasserbereiche, die von kargem Salzgrasland, üppigen Schilfzonen sowie saftigen Wiesen geprägt sind. Bodden sind vom offenen Meer durch schmale Landzungen abgetrennte Küstengewässer, die immer in Tuchfühlung zur Ostsee liegen. Der Begriff umfasst somit große Lagunen, die nur über schmale Meeresarme mit dem offenen Meer in Verbindung stehen. Eine kleinere Bucht innerhalb dieser Bodden wird auch als Wiek bezeichnet. Die Landzungen der südlichen Ostseeküste und die dahinter liegenden Boddengewässer sind durch Küstenausgleich seit der letzten Eiszeit entstanden. Sie haben einen geringeren Salzgehalt als die Ostsee, da einmündende Fließgewässer laufend Süßwasser liefern und der Wasseraustausch mit dem offenen Meer lediglich über Flutrinnen erfolgen kann. Die Boddengewässer sind bedeutende Lebensräume heimischer Brutvogelarten sowie wichtige Rast- und Schlafplätze vieler Zugvögel.

Salzwiesen

Ein wichtiger Lebensraum für die Vögel der Ostsee sind die Salzwiesen. Als Grenzräume zwischen Land und Meer sind diese Gebiete dem ständigen Wechsel von Überflutung und Trockenfall ausgesetzt. Salzgrasländer zeichnen sich nicht nur durch ihre Nähe zum Meer, sondern auch durch eine kurze Vegetation aus. Diese ist besonders bei den Bodenbrütern unter den Watvögeln beliebt. Eine wichtige Brutvogelart der Salzwiesen ist der *Kiebitz*. Wo die Natur in Küstennähe noch intakt ist, kann man im zeitigen Frühjahr das helle „kie-wit“ balzender Kiebitzpaare hören.

Der Kiebitz hat sich als sehr anpassungsfähig erwiesen und besiedelt in Europa nahezu alle offenen Habitate. Dadurch ist er unser häufigster Watvogel. ◀

Salzwiesen sind Grenzräume zwischen Land und Meer, die einem ständigen Wechsel von Überflutung und Trockenfall ausgesetzt sind. An der südlichen Ostsee sind sie bedeutende Lebensräume für Watvögel. Auf der schwedischen Ostseeinsel Öland gedeiht darüber hinaus ein üppiger Bestand an Orchideen. ▶

Bodden sind große Flachwasserbereiche, die von kargem Salzgrasland, üppigen Schilfzonen sowie saftigen Wiesen geprägt sind. Sie liegen zwischen den Meeresufern und dem Küstenhinterland. ▶

Die dunkle Oberseite von Kiebitzen schillert metallisch grün, die Flügel tragen jeweils einen metallisch-purpurnen Streifen und am Kopf des Vogels ist ein langer, schwarzer Nackenschopf auszumachen. Im Flug besitzen Kiebitze auffallend runde Flügel, der Schwanz trägt eine breite, schwarze Endbinde. Die Eier der Kiebitze, die zu den Regenpfeifern gehören, besitzen wie die Eier aller anderen am Boden brütenden Watvogelarten dunkle Flecken. Das Nest wird in der Wiese so angelegt, dass sich dem brütenden Vogel ein freier Blick auf die Umgebung eröffnet, die Brutstätte dennoch gut getarnt bleibt. Beide Eltern brüten, füttern und führen die Jungen. Ein anderer Vogel des Salzgraslandes ist die *Bekassine*. Dieser Watvogel, der auch „Himmelsziege“ genannt wird, ist eine kleine Schnepfe. Ihren Beinamen haben Bekassinen wegen ihres ausgefallenen, äußerst markanten Balzverhaltens bekommen. Während der Balzflüge stürzen sich die Vögel aus großer Höhe kopfüber in die Tiefe und spreizen dabei ihre Schwanzfedern fächerartig auf. Durch den harten Luftzug beginnen die äußeren Schwanzfedern zu vibrieren und erzeugen Töne, die an das Meckern von Ziegen erinnern. Diese kleine Schnepfe ist akut im Bestand bedroht, weil sich besonders in den vergangenen Jahrzehnten gravierende Verschlechterungen ihrer Brutbiotope vollzogen haben. Eine große Rolle beim Rückgang dieser Watvogelart spielt leider noch immer die massive Bejagung in den Rast- und Überwinterungsgebieten außerhalb Deutschlands.

Der Kiebitz ist ein schwarzweißer Regenpfeifer, der durch seine metallisch schimmernden Flügeloberseiten und den schwarzen Nackenschopf gut zu erkennen ist. ▼

Die drosselgroßen Bekassinen verbringen große Teile ihres Lebens im Wasser. Nicht nur, weil sie dort ihre Nahrung finden, sondern auf Bülten auch ihre Nester errichten. ▶

Bekassinen sind drosselgroße Schnepfen mit langen Schnäbeln, die besonders durch ihre starke Fleckung auffallen. Mit diesem Federkleid sind die Vögel bestens getarnt.

Neben dem Rotschenkel, der im Kapitel „Auf den Vogelinseln" näher beschrieben wird, bewohnt auch der *Große Brachvogel* den Lebensraum des Salzgraslandes. Dieser prächtige Schnepfenvogel ist nicht nur der größte Watvogel Europas – er gehört wie einige andere Arten dieser Familie zu den Verlierern in der vom Menschen geprägten Kulturlandschaft. Als Brutvogel der Moore, die zur Torfgewinnung entwässert und zerstört wurden, wich der Große Brachvogel zunächst auf Feuchtwiesen aus. Als auch hier die Intensivierung durch Entwässerung, Düngung, Bodenbearbeitung und Nutzungsumwandlung einsetzte, trat Ende der 1980er Jahre ein massiver Rückgang der Bestände ein. Die Liste der Gefährdungsursachen ist lang. Wer den weithin hörbaren, flötenden Ruf des Großen Brachvogels hört, kann die Schnepfe mit dem langen, nach unten gebogenen Schnabel schon im Flug erkennen. Auffällig ist auch das braune, gefleckte Gefieder dieses Brachvogels, das am Bauch in ein Weiß übergeht. Trupps mit über 30 Vögeln finden sich gern auf feuchten Wiesen sowie Schlick- und Windwattflächen zur Nahrungssuche ein. Dabei stochern die Vögel mit ihren langen Schnäbeln im lockeren Untergrund und suchen im Sommer nach Insekten und Regenwürmern, im Winter nach Krabben und Ringelwürmern.

Die stark gefleckten Bekassinen vertrauen auf ihre Tarnfärbung und fliegen bei Annäherung einer Gefahr erst im allerletzten Moment im Zickzackflug auf. ▼

Wenn die Salzwiesen im Frühjahr in voller Blüte stehen, kann sich der Rotschenkel unauffällig seinem gut versteckten Bodennest nähern. ▶

Das Nest des Großen Brachvogels befindet sich gut getarnt in Hochmooren, Heiden und Wiesen. Nur zu Fuß und äußerst vorsichtig nähert er sich seinem Gelege. ▶

Schilfzonen

In üppigen Beständen aus Schilf und Röhricht leben überwiegend Wasservögel. Schwäne, Gänse und Enten nutzen den Schutz dieser dichten Vegetation, um ungestört das Brutgeschäft verrichten sowie den Nachwuchs füttern und führen zu können. Der wohl bekannteste Vertreter dieses Lebensraumes an den Bodden ist der *Höckerschwan*. Diese großen, eleganten, schneeweißen Vögel mit den orangeroten Schnäbeln und den schwarzen Schnabelhöckern vereinen die Sympathien vieler Menschen auf sich. Wohl kaum ein Zeitgenosse geht achtlos an einem Schwan vorüber, wenn sich dieser in seiner ganzen Schönheit präsentiert. Der Höckerschwan ist legendenumwoben, wurde in der Antike als heiliger Vogel verehrt, die Mythologie verwendet ihn als Symbol für Schönheit und Stärke. Schwäne sind auch in unseren Breiten sehr beliebt und heute nahezu auf allen Gewässern eine vertraute Erscheinung. Sie brüten sogar an geeigneten Plätzen innerhalb menschlicher Siedlungen. Vor mehr als 40 Jahren waren Höckerschwäne vom Aussterben bedroht. Die erfreuliche Zunahme dieser wunderschönen Vögel ist eine europäische Erfolgsgeschichte des engagierten Natur- und Artenschutzes.

Während im Frühjahr und Herbst große Scharen nordischer Wildgänse auf ihren Wanderungen an den Küsten der Ostsee verweilen, gibt es eine heimische Wildgansart, die hier als Brutvogel anzutreffen ist – die *Graugans*. Dieser große Wasservogel, der als „Mutter" aller Hausgänse gilt, lebt im Bereich des Küstenlandes vornehmlich an den Bodden sowie auf einigen Vogelinseln. Graugänse legen ihre Nester bereits im Winter an und sitzen nicht selten schon im März über den Eiern. Das hat den großen Vorteil, dass die im Frühjahr schon recht stattlich herangewachsenen Küken auf den saftigen Wiesen und Weiden Gräser und Kräuter fressen können. Graugänse sind dem Namen nach überwiegend grau gefärbt und besitzen fleischfarbene Beine.

Der Höckerschwan ist einer der häufigsten Wasservögel, den wohl jeder kennt. Zur Brutzeit lebt diese Schwanenart still und zurückgezogen. ◀

Da Höckerschwäne in Westeuropa seit Jahrhunderten domestiziert werden, findet man diesen eleganten und schönen Wasservogel auch in Parkanlagen, auf künstlichen Seen sowie auf städtischen Gewässern. ▶

Höckerschwäne bauen große Nester aus aufgestapeltem Reisig, Schilf und Pflanzenmaterial. Der Neststandort befindet sich überwiegend im Flachwasser sowie an Ufern. ▶

Die Küken des Höckerschwans sind ausgesprochen possierliche Vogeljunge, die zu unrecht den Namen „hässliches Entlein" tragen. ▲

Die Graugans ist die größte und hellste der grauen Gänse, die durch ihre orangefarbenen Beine und den ebenso gefärbten Schnabel in freier Wildbahn unverkennbar ist. ◀

Da Graugänse bereits im März mit der Brut beginnen, steht ihren Jungen im zeitigen Frühjahr auf saftigen Wiesen ein reichhaltiges Nahrungsangebot zu Verfügung. Beide Eltern bewachen und führen den Nachwuchs. ▶

Die Graugans ist der Vorfahre unserer Hausgans. Früher war diese Wildgans in Europa viel verbreiteter, nahm jedoch durch Bejagung und Vernichtung ihrer Lebensräume stark ab. ▶

Gründelenten

Die meisten unserer heimischen Wildenten, die im Bereich der südlichen Ostsee vornehmlich an den Bodden brüten und in diesen flachen Gewässern ihre Nahrung gründelnd finden, bezeichnet man als Gründelenten. Die häufigste Gründelente unserer Breiten ist die *Stockente*. Ihren Namen hat die Ahne unserer Hausente zu Recht bekommen, denn sie sucht für den Standort ihres Nestes nicht nur den Schutz von Schilf, Gras und sonstiger Vegetation, sondern bevorzugt auch die Nähe von Gebüschen und Gehölzen – also „Stöcken". Die Erpel aller Entenarten – da macht auch der Stockerpel keine Ausnahme – tragen ein auffälliges Prachtkleid und nur im Sommer das unscheinbare Schlichtkleid. Die Weibchen dagegen sind ganzjährig unauffällig gefärbt und lassen sich schwerer bestimmen als die farbig sehr unterschiedlichen Männchen. Das Tarnkleid der Weibchen, das in der Vegetation mit der Umgebung komplett verschwimmt, ist ein natürlicher Schutzeffekt gegen Feinde aus der Luft. Stockentenerpel sind mit ihrem flaschengrünen Hals, dem gelben Schnabel und dem grauen Körper unverkennbar. Die Weibchen sind hellgrau gefärbt und mit unzähligen dunklen Flecken übersät. Im Flug fällt immer der tiefblaue Spiegel auf, der zudem noch weißlich umrahmt ist.

Die Stockente ist die häufigste Entenart der Welt und gilt als Ahne unserer Hausente. Die Weibchen sind wie bei allen Entenvögeln von schlichter Färbung. ▼

Mit ihrem grauen Körper, der braunen Brust, dem flaschengrünen Kopf und dem gelben Schnabel sind die Männchen der Stockente markante Wasservögel. ▶

Die Krickente ist unsere kleinste Wildentenart, die eine schöne und auffällige Färbung besitzt. Unverkennbar ist der geschwungene Augen-Nacken-Streif. ▶

Die kleinsten Gründelenten der Ostsee tragen die Namen *Krickente* und *Knäkente*. Diese Arten brüten nur in geringer Zahl an unseren Küsten. Bei beiden Arten fallen – wie könnte es anders sein – die Männchen besonders auf. Der Krickentenerpel besitzt im Prachtkleid einen kastanienbraunen Kopf, einen geschwungenen grünen Augen-Nacken-Streif sowie einen weißen Flankenstreif und ein gelborangenes Feld am schwarzen Hinterkörper. Im Ruhekleid nimmt das Männchen das schlichte Federkleid des Weibchens an – mit brauner Sprenkelung auf hellem Untergrund und einer weißen Unterseite. Europäische Krickenten überwintern in Südeuropa und im tropischen Afrika. Beim Knäkentenerpel im Brutkleid fällt sofort der breite, weiße Überaugenstreif auf, der sich stark vom sonst eher dunkel gefärbten Federkleid abhebt. Im Schlichtkleid ähneln beide Geschlechter der Krickente, doch Knäkenten haben einen ausgeprägten beigefarbenen Überaugenstreif sowie im Fluge hellere Vorderflügel. Im Gegensatz zu anderen europäischen Enten verlässt die Knäkente im Winterhalbjahr nahezu komplett die gemäßigte Zone. Sie ist im tropischen Afrika mit Abstand die häufigste Winterente, insbesondere in Westafrika.

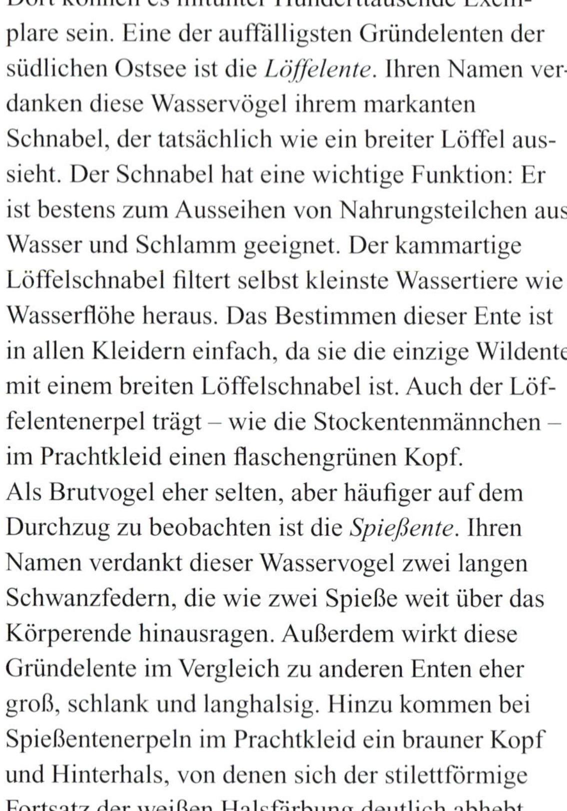

Dort können es mitunter Hunderttausende Exemplare sein. Eine der auffälligsten Gründelenten der südlichen Ostsee ist die *Löffelente*. Ihren Namen verdanken diese Wasservögel ihrem markanten Schnabel, der tatsächlich wie ein breiter Löffel aussieht. Der Schnabel hat eine wichtige Funktion: Er ist bestens zum Ausseihen von Nahrungsteilchen aus Wasser und Schlamm geeignet. Der kammartige Löffelschnabel filtert selbst kleinste Wassertiere wie Wasserflöhe heraus. Das Bestimmen dieser Ente ist in allen Kleidern einfach, da sie die einzige Wildente mit einem breiten Löffelschnabel ist. Auch der Löffelentenerpel trägt – wie die Stockentenmännchen – im Prachtkleid einen flaschengrünen Kopf.

Als Brutvogel eher selten, aber häufiger auf dem Durchzug zu beobachten ist die *Spießente*. Ihren Namen verdankt dieser Wasservogel zwei langen Schwanzfedern, die wie zwei Spieße weit über das Körperende hinausragen. Außerdem wirkt diese Gründelente im Vergleich zu anderen Enten eher groß, schlank und langhalsig. Hinzu kommen bei Spießentenerpeln im Prachtkleid ein brauner Kopf und Hinterhals, von denen sich der stilettförmige Fortsatz der weißen Halsfärbung deutlich abhebt.

Das Bestimmen der Löffelente ist in allen Kleidern und unabhängig vom Geschlecht sehr einfach, da sie die einzige Wildente in Europa mit einem Löffelschnabel ist. Bei der Nahrungssuche durchseihen Löffelenten die obere Wasserschicht und den lockeren Schlamm mit seitlichen Schwenkbewegungen des Kopfes. Der kammartige Löffelschnabel filtert dabei auch kleinste Wassertiere wie Wasserflöhe heraus. ◀

Durch die gedrungene, kurzhalsige Gestalt der Löffelente sieht es in der Regel immer so aus, als ob der große Schnabel den Kopf der Ente nach unten zieht. Löffelenten bewohnen schilfbestandene Seen und Teiche mit flachem, schlammigem Wasser. ▶

Die *Schnatterente*, auch Mittelente genannt, trägt von allen Wildenten das schlichteste Federkleid. Der Unkundige könnte sie im Freiland mit einer weiblichen Stockente verwechseln, doch hat die Schnatterente im Gegensatz zu ihrer etwas größeren Schwester keinen blauen, sondern einen weißen Flügelspiegel. Zudem ist dieser nur im Flug zu sehen, während der blaue Flügelspiegel des Stockentenweibchens auch den ruhenden Vogel kennzeichnet. Die Schnatterente sucht wie die Stockente ihre Nahrung im flachen Wasser. Sie ist jedoch scheuer und schließt sich nicht dem Menschen an. In Europa ist diese Art vielerorts recht selten und fehlt oftmals selbst an augenscheinlich gut geeigneten Plätzen.

Tauchenten

Von den Tauchenten, die ihre Nahrung dem Namen nach tauchend aufspüren, sind nur zwei Arten an den Küsten der südlichen Ostsee als Brutvögel beheimatet. Während des Vogelzuges im Herbst sowie beim Überdauern des Winters kommen viele andere Tauchenten hinzu. An den Seen und Teichen des Binnenlandes ist die *Tafelente* nach der Stockente die zweithäufigste Wildentenart. An den Bodden in Küstennähe, die Brackwasser führen, gehören Tafelenten dagegen zu den eher seltenen Brutvögeln. Im Prachtkleid sind Erpel leicht zu bestimmen, da der rostrote Kopf und der ebenso gefärbte Hals in starkem Kontrast zu den blaugrauen Flügeldecken sowie zur schwarzen Brust stehen. Kopf und „Gesicht" dieser Enten wirken rundlich – das ist auch bei den Weibchen gut zu erkennen.

Ähnlich wie Reiher tragen die Erpel der *Reiherente* am Hinterkopf einen Federschopf. Ansonsten können diese schwarzen Tauchenten mit der weißen Körperseite und dem weißen Bauch während der Brutzeit mit keiner anderen Wildentenart verwechselt werden. Die Reiherente ist die häufigste Tauchente und nach der Stockente Menschen gegenüber die zweitvertrauteste Art. Ihre Fähigkeit, sich an den Menschen und seine künstlichen Gewässer anzupassen, hat im vergangenen Jahrhundert ihr Brutareal in West- und Mitteleuropa enorm erweitert. Inzwischen kommen Reiherenten auch in Parks vor und fressen dort mit den zahmen Enten zusammen Brot und andere Futtergaben des Menschen.

Der Erpel der Schnatterente kann mit der weiblichen Stockente verwechselt werden. Allerdings ist die Schnatterente deutlich kleiner. Sie sucht wie die Stockente ihre Nahrung im flachen Wasser, ist jedoch viel scheuer und schließt sich nicht dem Menschen an. ◀

Bei der Beobachtung von Wildenten im Freiland ist immer sehr hilfreich, dass die Männchen auffällige Gefiedermerkmale besitzen. Das trifft auch auf die Tafelente zu, deren Erpel mit ihren rostroten Köpfen und den grauen Körpern unverkennbar gezeichnet sind. ▶

Die Männchen der Reiherente fallen durch ihre schwarzen Körper mit den weißen Flanken sehr gut auf. Markant ist auch die Feder am Hinterkopf, die dieser Wildente ihren Namen einbrachte, denn auch Reiher tragen diesen Schmuck. ▶

Weitaus seltener brütet die *Kolbenente* bei uns, die bestimmte Wasserpflanzen als Nahrung bevorzugt. Sie ist die einzige Ente, bei der Männchen im Prachtkleid einen leuchtend roten Schnabel sowie ebenso gefärbte Beine besitzen. Zudem ist der kolbenartige Kopf, der auch im Schlichtkleid und bei den Weibchen markant ist, im Prachtkleid des Männchens rostrot gefärbt.
Eine sehr schöne Tauchente, die man an den Küsten der südlichen Ostsee eher selten als Brutvogel antrifft, ist die *Moorente*. Dagegen kann man bei den Wanderungen dieser Vögel Glück haben, einen kleinen Trupp ziehender Moorenten zwischen Bodden und Meer zu beobachten. Dieser Wasservogel ist zugleich die kleinste Tauchente Europas. Sie ist auch die einzige europäische Entenart, bei der Männchen und Weibchen im äußeren Erscheinungsbild kaum voneinander abweichen. Die Erpel sind dunkel mahagonifarben, besitzen ein weißes Auge sowie ein weißes Hinterteil. Die Ente wirkt etwas dunkler, weniger glänzend und hat ein braunes Auge. Auch das Hinterteil ist bei den Weibchen weiß. Die weißen Hinterteile beider Geschlechter sind in Verbindung mit den dunklen Körpern einzigartig und im Freiland unverkennbar. Außerdem besitzen Moorenten auffallend weiße Flügelspiegel. Diese Vögel leben stärker vegetarisch als andere Tauchentenarten. Der tierische Anteil besteht aus kleinen Schnecken, die wohl mit den Pflanzenteilen aufgenommen werden. Doch auch frei schwimmende Wasserinsekten und Kleinkrebse – sogar Kaulquappen und Jungfrösche – werden von Moorenten erbeutet.

Die Reiherente ist an der Ostseeküste die häufigste Tauchente. Sie bewohnt Seen, Teiche, langsam fließende und künstliche Gewässer, ohne allzu große Ansprüche an die Vegetation zu stellen. ▼

Die Moorente ist die kleinste Tauchente, die durch ihr helles Hinterteil und den dunklen Körper bei der Freilandbeobachtung unverwechselbare Merkmale besitzt. ▶

Im Küstenhinterland

Entfernt man sich von der Wasserkante und hat Strände, Steilküsten, Dünen sowie Salzwiesen überwunden, bilden dichte Gebüschzonen und Küstenschutzwälder den Übergang zum Binnenland. Obwohl landeinwärts gerückt, haben diese besonderen Naturlandschaften zwischen Bodden und Meer ihren Bezug zum maritimen Lebensrhythmus der Ostsee nicht verloren. Im Gegenteil – jene Vogelarten, die im Schutz von Busch, Baum und Borke brüten, brauchen die Nähe zur See, suchen Bodden und Binnenmeer regelmäßig auf, um hier nach Nahrung zu suchen. Zu den artenreichsten Wäldern der südlichen Ostsee gehören die Hang- und Schluchtwälder an den Steilküsten sowie die Dünenwälder.

Dünenforste

Die größten Vogelarten der südlichen Ostsee sind überwiegend in den Wäldern anzutreffen. Speziell dann, wenn es um das Brutgeschäft und die Jungenaufzucht geht. Großvogelarten nutzen für die Fortpflanzung – bis auf wenige Ausnahmen – die waldreichen Zonen der Küstenregionen. Für den Bau ihrer in Umfang, Größe und Gewicht recht stattlichen Nester benötigen diese Tiere entsprechende Altbaumbestände.

Unbestrittener Herrscher im Luftraum über Bodden und Meer ist der *Seeadler*. Deutschlands größter Greifvogel und Europas größter Adler ist an den Küsten der südlichen Ostsee eine imposante Erscheinung. Ein mächtiger und kraftvoller Greifvogel, der eine Flügelspanne von 2,60 Meter erreicht. In den Frühjahrs- und Sommermonaten, in denen die Adler ihren Nachwuchs aufziehen, ernähren sie sich überwiegend von Fischen und Wasservögeln. Dabei erbeuten Seeadler selten gesunde Fische, sondern greifen vornehmlich jene Exemplare von der Wasseroberfläche, die dort bereits tot treiben oder krank herumdümpeln.

Der Seeadler ist nicht nur Deutschlands größter Greifvogel, sondern auch der mächtigste Vogel, der an Bodden und Meer lebt. Unverkennbar ist er durch seine Größe sowie durch den gewaltigen Hakenschnabel, der bei Altadlern eine gelbe Färbung besitzt. ◀

Die Dünenwälder am Meer gehören zu den artenreichsten Wäldern der südlichen Ostsee. Hier brüten einige der größten Vogelarten der Küste. ▶

Für ihre gewaltigen Nester benötigen Seeadler geschützt liegende Altbaumbestände. In stillen Küstenwäldern wachsen und gedeihen die Adlerküken prächtig. ▶

Ihre gewaltigen Riesennester, die Horste, errichten Seeadler in stillen Küstenwäldern mit starken Bäumen. Die Knüppelburgen, die bis zu drei Meter hoch, 2,50 Meter breit sowie mehrere Zentner schwer werden können, werden von einem ortsansässigen Adlerpaar über viele Jahre hinweg genutzt. Weil Seeadler in Deutschland bereits im Winter mit der Brut beginnen, brauchen sie eine tiefe, weiche und warme Horstmulde, damit die Eier selbst bei Frost, Kälte und Schnee geschützt sind. Da die Horste jedoch nach jeder Jungenaufzucht flachen Tellern gleichen, deren frühere Horstränder herunter getrampelt wurden, müssen die Adler vor Beginn der Brutzeit neue Zweige aufschichten. Ein sicheres Zeichen für den Beobachter und Horstbetreuer, der daran sehen kann, ob ein Adlerpaar zur Brut schreiten möchte. Noch sicherer ist dieser Hinweis, wenn der Horst „begrünt" wurde – also frische Zweige mit Blattgrün eingetragen wurden. Erwachsene Seeadler sind sehr gut an ihrem hellbraunen Federkleid, an den gelben Augen, Schnäbeln, Beinen und Füßen sowie am schneeweißen Schwanz zu erkennen. Jungadler sind dunkelbraun gefärbt, besitzen dunkle Augen und Schnäbel sowie braune bis schmutzigweiße Schwanzfedern.

Viele der Nadelbäume, die in den Dünenforsten gedeihen, haben durch die ständig wirkende Kraft des Windes im wahrsten Sinne des Wortes einen schweren Stand. ▼

Seeadler, die sich einmal verpaart haben, halten sich ein Leben lang die Treue. Ihre mächtigen Schwingen erreichen eine Spannweite von zweieinhalb Metern. ▶

In den gewaltigen Horsten, die bis zu zweieinhalb Meter breit und bis zu drei Meter hoch sein können, werden die jungen Seeadler von den Eltern liebevoll umsorgt. ▶▶

Mit zunehmendem Alter wird der Schwanz von innen heraus immer weißer. Im Alter von fünf bis sechs Jahren sind Seeadler geschlechtsreif und tragen dann das Federkleid der Altadler. Im Flug sind immer die brettartigen Schwingen dieser mächtigen Vögel zu erkennen.

Eine eindrucksvolle Erscheinung der heimischen Vogelwelt ist auch der *Graureiher*, den man im Flug gut an seinem eingewinkelten Hals und den gewölbten Flügeln erkennt. Störche und Kraniche fliegen dagegen mit ausgestrecktem Hals und Beinen. An den Küsten der südlichen Ostsee brüten Graureiher in Kolonien, die sich in den Kronen großer und hoher Bäume befinden. Das können ebenso Laub- wie Nadelbäume sein. Bevorzugt werden ausgedehnte Waldungen in Küstennähe sowie im Einzugsbereich größerer Seen. In den flachen Boddengewässern erbeuten diese Schreitvögel Fische und andere kleine Wassertiere, auf Feldern und Wiesen hauptsächlich Mäuse und Frösche. Meistens lauern die Reiher unbeweglich, um im geeigneten Moment blitzschnell mit dem dolchartigen Schnabel zuzustoßen.

Weithaus seltener begegnet man im Küstenraum dem *Silberreiher*. Dieser schneeweiße Schreitvogel mit dem gelben Schnabel und den schwarzen Beinen, der als Brutvogel im Süden und Südosten Europas weit verbreitet ist, dringt immer weiter nach Norden vor. Inzwischen werden Silberreiher in Mecklenburg-Vorpommern und Brandenburg immer häufiger beobachtet. Silberreiher ernähren sich von Insekten, Amphibien und Fischen, die sie beim langsamen Durchwaten von Seichtwasser erbeuten.

Wenn Graureiher nicht zur Nahrungssuche in einem Gewässer unterwegs sind, halten sie sich gern auf Bäumen auf. Hier brüten sie auch in Kolonien. ▼

An der Ostseeküste selten, aber in zunehmendem Maße zu beobachten ist der schmucke Silberreiher. ▶

Küstenwälder

Jene Vögel der Ostsee, die sich von Fischen ernähren, wurden in der Vergangenheit besonders stark verfolgt. Als die Menschen noch nicht über das umfangreiche, ökologische (Ge)Wissen der jüngeren Zeit verfügten, wurden alle Arten rücksichtslos bejagt, bei denen schuppige Beute auf dem Speiseplan stand. So hieß der Graureiher früher Fischreiher. Heute projizieren sich alle Negativmeinungen dazu einzig und allein auf eine Vogelart – den *Kormoran*. Diese schnellen und wendigen Unterwasserjäger gehören jedoch ebenso zu den Vögeln der Ostsee, wie Möwen, Seeschwalben und Watvögel. Überall an der Küste kann man Kormorane am Wasser sitzen sehen. Immer dann, wenn sie nach mehreren Tauchgängen ihr durchgeweichtes Gefieder mit weit ausgebreiteten Flügeln trocknen müssen. Kormorane verfügen nicht wie andere Wasservögel über ein öliges Sekret aus der Bürzeldrüse, mit dem das Gefieder eingerieben werden kann und so Wasser abweisende Eigenschaften erhält. Die „Drachen der Meere" – so muten diese Vögel aus nächster Nähe betrachtet an – brüten an der Küste in großen Kolonien. In der Regel befinden sich die sperrig aufgeschichteten Reisignester auf Bäumen. Der ätzende Kot der Vögel lässt die Bäume jedoch mit der Zeit absterben, sie werden morsch und brüchig. Die Kormorane müssen weiter ziehen und sich nach einer neuen Brutmöglichkeit umsehen. Da geeignete Bäume in Küstennähe in der Zwischenzeit recht rar geworden sind, haben die Vögel eine neue Strategie entwickelt – sie errichten Brutkolonien am Erdboden. Diese befinden sich vornehmlich auf geschützt liegenden Inseln.

Ein weiterer Wasservogel, der Altbaum- und Totholzbestände in Küstennähe braucht, ist der *Gänsesäger*. Die größte europäische Sägerart sucht vor Beginn der Brutzeit nach geeigneten Höhlen in alten oder abgestorbenen Bäumen.

Ihre sperrigen Reisignester errichten Komorane in der Regel auf Bäumen und kleiden die Horstmulde mit Pflanzenteilen aus, insbesondere mit Tang (Küste) und Gras (Binnenland). ◀

Durch den ätzenden Kot werden die Brutbäume des Kormorans morsch und brüchig. Dort, wo an der Küste keine geeigneten Wälder mehr vorhanden sind, brüten Kormorane in Kolonien am Boden – wie hier auf der Rügener Vogelinsel Heuwiese. ▶

Normalerweise fischen Kormorane dicht am Ufer, dabei von der Wasseroberfläche schnell in die Tiefe herabtauchend und die Beute mit dem Schnabel packend. ▶

Nur im Schutz der Dunkelheit können diese recht selten gewordenen Vögel ihr Brutgeschäft verrichten. Als Kinderstube wird die Höhle dagegen nicht mehr benötigt, denn wenn die geschlüpften Küken getrocknet sind, wagen sie im wahrsten Sinne des Wortes den Sprung in ein neues Leben. Die kleinen Gänsesäger sind so leicht und weich, dass sie den Absturz aus luftigen Höhen unbeschadet überstehen. Unten angekommen, schließen sie sich ihrer Mutter an und werden von ihr geführt, betreut und gefüttert. Wo es in Küstennähe nicht genügend natürliche Höhlen für Gänsesäger gibt, werden von Vogelschützern auch Nistkästen aufgehängt. Diese „Neubauwohnungen" werden von den im Bestand bedrohten Gänsesägern sehr gern angenommen. Die Säger erhielten ihren Namen wegen der sägeartigen Hornleisten an den Schnabelrändern, die es ihnen ermöglichen, ihre Beute, besonders Fische, auch unter Wasser gut festhalten zu können. Erpel im Prachtkleid sind unverkennbar. Der weiße Körper steht in einem auffallenden Kontrast zum schwarzen Rücken und zum schwarzgrünen Kopf. Die Körperunterseite ist lachsfarben angehaucht, die Beine sind zinnoberrot. Gänsesägerweibchen fallen durch ihren hellgrauen Körper auf, von dem sich der braune Kopf und der ebenso gefärbte Hals gut absetzen.

Die beiden Geschlechter des Gänsesägers sind gut von einander zu unterscheiden. Das Männchen ist prächtig, das Weibchen eher schlicht gefärbt. Zwar sind Gänsesäger ausgesprochene Süßwasservögel, die sich an der Ostseeküste jedoch auch regelmäßig auf dem offenen Meer aufhalten. ▼

Die Hauptnahrung des Gänsesägers machen Fische aus, die jedoch nur eine Maximalgröße von knapp zehn Zentimetern erreichen. Damit geriet dieser Wasservogel nicht ins Visier des Menschen, da der Säger nicht als Fischereischädling eingestuft wurde. ▶

SOMMER

Hitzeflimmern über der Landschaft, die Wellen der Ostsee plätschern müde vor sich hin, in stillen Boddenbuchten steht die Luft – im Sommer läuft das Vogelleben an der Küste eher in Zeitlupe ab. Die trockene Wärme macht auch den Gefiederten zu schaffen. Nur durch das Hecheln mit geöffneten Schnäbeln können die Vögel ihr Leiden etwas lindern. Jene Arten, die direkt an der Wasserkante leben, haben es vergleichsweise einfach, denn die Natur am blauen Binnenmeer gibt sich unter dem weiten Dach des Ostseehimmels wohl temperiert. Faul, träge oder gar untätig verweilen können viele Küstenvögel dennoch nicht, denn mit der Aufzucht des Nachwuchses haben sie jetzt alle Federn voll zu tun.

Während das Frühjahr vornehmlich der Paarbildung und der Balz, dem Nestbau und der Eiablage sowie dem Brutgeschäft vorbehalten bleibt, gilt es in den Sommermonaten die Jungvögel aufzuziehen und diese auf ein eigenständiges Leben zwischen Himmel und Meer vorzubereiten. Jene Vögel, denen eine vergleichsweise bescheidene Lebenserwartung mit auf den Weg gegeben wurde, bekamen das Rüstzeug für ihr späteres Leben mit in die Wiege gelegt. Andere Arten bleiben dagegen deutlich länger in der Obhut der Altvögel, folgen ihnen auf Schritt und Tritt, absolvieren anspruchsvolle Flugmanöver, lernen nach Nahrung zu suchen oder Beute zu überrumpeln. Vielen Küstenvögeln steht jedoch nur dann ein langes Leben bevor, wenn sie die Herausforderungen in der Brutheimat, auf den Wanderungen und im Winterquartier meistern.

Wenn im Spätsommer die Tage kürzer werden, sich die Temperaturen in den Nächten allmählich einstelligen Werten nähern und brummende Traktoren über die Felder schaukeln, haben die meisten Küstenvögel ihre Lebensräume am blauen Binnenmeer mit anderen Aufenthaltsorten getauscht. Dort, wo der Mensch das küstennahe Ackerland mit schwerer Technik bearbeitet und den Erboden mit eisernen Pflugscharen aufreißt, findet sich Tag für Tag eine Vielzahl hungriger Möwen ein. Die schneeweißen Segler im Wind nehmen die braune Ackerkrume unter ihre Flossenfüße, um in den frisch gezogenen Furchen nach Würmern, Engerlingen, Käfern und Schnecken zu suchen. Dem einsamen Bauern auf seinem Traktor mögen die quirligen Möwen willkommene Gesellschafter sein. Eine weiße Wolke aus Vogelleibern im ständigen Auf und Ab über kargem Küstenland.

Sommertage sind begrenzt – Möwen, Seeschwalben & Co. haben nur noch wenig Zeit. Der Rhythmus des Lebens, der vom Takt des Wellenschlags bestimmt wird, neigt sich dem Ende. Andere Naturphänomene übernehmen das Dirigieren, lassen Vogelherzen schneller schlagen, bringen Blutkreisläufe in Wallung, versetzen Vogelkörper in Aufbruchstimmung. Die letzten warmen Sommerwinde blasen zum Aufbruch, schicken die Vögel der Ostsee im Gedächtnis der Jahrhunderte auf den Weg.

Die Vögel der Ostsee lassen es im Sommer vielerorts ruhig angehen – sie nutzen die Zeit zum Rasten und Ruhen. ▶

Eine neue Seevogelgeneration

Wenn die jungen Küstenvögel ihre Nester verlassen haben, ist das Ausmaß der Fürsorge, das sie durch die Eltern erfahren, sehr verschieden. Die meisten Jungvögel müssen auch nach dem Verlassen des Nestes weiter versorgt werden. Der erste Schritt ins freie Leben ist für alle Jungvögel – ob sie als Nestflüchter schon bald nach dem Schlüpfen oder als Nesthocker nach längerer Geborgenheit das schützende Nest verlassen – äußerst gefahrenvoll. Ohne über irgendwelche Erfahrungen zu verfügen, werden sie mit einer Welt voller Hindernisse und Gefahren konfrontiert. Immerhin sind ihnen viele schützende und nützliche Verhaltensweisen angeboren. Sie reagieren gleich auf den Warnruf der Eltern, indem sie sich drücken oder verstecken. Auch die Techniken, die sie bei der Nahrungssuche einsetzen, müssen sie nicht von Grund auf lernen. Die Jungen brauchen jetzt mehr Nahrung als je zuvor. Ihr Wachstum ist zwar weitgehend abgeschlossen, sie müssen aber ein bewegungsarmes Dasein im warmen Nest gegen ein aktives Leben in einer oftmals kalten Umgebung eintauschen. Zum Fliegen und zum Erhalt ihrer hohen Körpertemperatur benötigen sie viel zusätzliche Energie. Der Sommer ist eine Zeit des Nahrungsüberflusses – und somit bestens geeignet für den Schritt in die Selbstständigkeit.

Kolonien

Bei den Vögeln der Ostsee ist es wie bei uns Menschen: Manche lieben die Geselligkeit, andere wieder nicht und wollen allein sein. Eine einzeln brütende Lachmöwe ist ebenso undenkbar wie eine Kolonie von Seeadlern. Die meisten Seevögel suchen im Jahresverlauf immer wieder den Anschluss an Artgenossen.

Wenn im Sommer die Küken der Küstenvögel ihre Nester verlassen haben, müssen die Altvögel nicht nur wachsam, sondern ständig auf der Hut sein. Die räuberisch lebenden Silbermöwen versuchen auf den Vogelinseln leichte Beute zu machen. Hier wird eine Silbermöwe von einem Säbelschnäbler und einem Kiebitz attakiert. ◀

Nur durch das Hecheln mit geöffneten Schnäbeln können sich Seevögel an heißen Sommertagen etwas Abkühlung verschaffen – so auch diese Silbermöwe auf der mecklenburgischen Vogelinsel Walfisch. ▶

Dieser junge Austernfischer hat den Warnruf seiner Eltern gehört und sich augenblicklich hingeworfen. Beim so genannten „Drücken“ verharren die Küken regungslos am Boden und vertrauen auf ihre Tarnfärbung. ▶

Wenn dies während der Brutzeit und Jungenaufzucht geschieht, spricht man von Brutkolonien, Brutgesellschaften oder Brutsiedlungen. Alle diese Begriffe besagen im Grunde dasselbe, ganz gleich, ob es sich nur um wenige Tiere oder Tausende von Brutpaaren handelt. Man darf wohl annehmen, dass die typischen Koloniebrüter unter den Küstenvögel, beispielsweise Möwen, Seeschwalben und Kormorane, von jeher in großen Gesellschaften gebrütet haben. Dafür, dass die Koloniebrüter eine Art Zweckgemeinschaft bilden und für eine gewisse Zeit auf engstem Raum nebeneinander leben, sprechen einerseits günstige Nistplätze, andererseits verlässliche Nahrungsgrundlagen im Umfeld dieser Brutgebiete. Fast alle kleineren Inseln in Küstennähe bieten den dort brütenden Vögeln beides zugleich: Platz zum Brüten und meist in der Nähe gelegene, nicht versiegende Nahrungsquellen. So finden wir auf vielen Inseln große Brutkolonien von Möwen und Seeschwalben, die schon seit Generationen besetzt sind. Ferner mag das Bedürfnis der Vögel, sich durch den Zusammenschluss zu großen Brutgemeinschaften besser gegen natürliche Feinde schützen zu können, zur Bildung von Kolonien beigetragen haben.

Die meisten Seevögel brüten in Kolonien, da sie dort von der schützenden Gemeinschaft profitieren können – so wie diese Lachmöwen auf der Vogelinsel Böhmke. ▼

Die jungen Silbermöwen haben das Licht der Welt in einem Bodennest erblickt und werden in den ersten Lebentagen streng von den Altvögeln bewacht. ▶

Viele Augen sehen mehr als zwei: Wer schon einmal erlebt hat, wie ein Greif- oder Krähenvogel den Versuch aufgab, etwa in einer Lachenmöwenkolonie Eier oder Jungvögel zu rauben, ist davon überzeugt, dass es sehr wichtig für die Erhaltung vieler Vogelarten ist, sich zu größeren Brutsiedlungen zusammenzuschließen.

Eier

Die Anzahl der Eier im Gelege beziehungsweise die Zahl der jährlich erbrüteten Jungen ist bei den unterschiedlichen Vogelarten recht verschieden. Auf jeden Fall aber so groß, dass die Erhaltung der Art unter normalen Verhältnissen gewährleistet ist. Selbst innerhalb einer Art kann die Anzahl der Eier im Gelege je nach geografischer Lage des Brutgebietes erheblichen Schwankungen unterworfen sein. Manche Vögel legen nur zwei Eier, andere wieder über 20. Die Größe des Geleges wird oftmals von verschiedenen Faktoren beeinflusst. Die Gefahren, denen die Art und insbesondere die Jungen ausgesetzt sind sowie die geografische Lage des Brutgebietes spielen dabei eine wichtige Rolle. Schwankungen im Klima und dadurch bedingte Nahrungsfülle beziehungsweise Nahrungsknappheit vermögen gleichfalls die Größe des Geleges zu beeinflussen.
Bei den meisten Küstenvögeln findet man dagegen konstante Zahlen. So bestehen die Gelege dann immer aus der gleichen Anzahl an Eiern. Zu jenen Vögeln, die zwei Eier legen, gehört der Kranich. Zwei bis drei Eier finden sich in den Gelegen der Möwen und Seeschwalben. Vier Eier gehören zu einem Komplettgelege der Watvögel. Im zweistelligen Bereich können sich dagegen Enten, Schwäne und Gänse bewegen. Während Enten ihr Nest gut getarnt in dichter Vegetation anlegen, verlassen sich Bodenbrüter mit offenen Nestern einzig und allein auf die Tarnfärbung ihrer Eier.

Gänsesäger gehören zu jenen Küstenvögeln, die ausschließlich in Höhlen brüten. Wenn nicht genügend natürliche Hohlräume in Altbaumbeständen zur Verfügung stehen, nehmen diese Entenvögel auch gern künstliche Nisthilfen in Form von Nistkästen an. ◀

In den Sommermonaten fallen die Seevögel vielerorts nicht sofort ins Auge, da die Natur in der heißesten Zeit des Jahres das Leben der Wildtiere verlangsamt und in den Landschaften an Bodden und Meer farblich reizvolle Akzente setzt – beispielsweise mit dieser großflächigen Klatschmohnblüte am Breeger Bodden auf Rügen. ▶▶

Das Kiebitznest befindet sich gut getarnt in der Wiese.

Die Säbelschnäblereier zeigen die typische Tarnfärbung.

Eine Flussseeschwalbe ist aus dem Ei geschlüpft ...

... und wenig später ist auch das zweite Küken da.

Silbermöwen legen drei bis vier stark gefleckte Eier.

Ein Lachmöwenküken ist da, das andere schlüpft noch.

Die Ruhe vor dem Sturm

Bevor sich im Herbst tausende Zugvögel auf den Weg machen, um ihre Brutgebiete zu verlassen und die Winterquartiere aufzusuchen, bahnt sich dieses Naturschauspiel der besonderen Art bereits im Hochsommer an. Von den meisten Menschen unbemerkt, beginnt in dieser Zeit der Durchzug vieler Watvögel in die Überwinterungsgebiete. Die Badestrände sind von Urlaubern übervölkert. Darum halten sich dort meistens nur Möwen und Schwäne auf, die sich an die Menschen gewöhnt haben und von ihnen gefüttert werden. Dagegen kann man bei einer Wanderung an den zahlreichen Boddengewässern, die sich für naturinteressierte Besucher immer lohnt, die meist graubraun gefärbten Schnepfenvögel im flachen Wasser bei der Nahrungssuche geschäftig umherlaufen sehen.

Mauser

Außerdem existieren an den Küsten der südlichen Ostsee spezielle Mauser- und Schlafplätze, an denen sich viele Gänse und Enten versammeln. Einige Arten verlieren in der jährlichen Mauser alle Schwungfedern auf einmal und sind dadurch vorübergehend flugunfähig. In den Weiten entlegener Windwattbereiche können sich diese scheuen Wasservögel aufhalten, ohne gestört zu werden. Im Küstenland Mecklenburg-Vorpommerns sind besonders die großen Scharen heimischer Graugänse auffällig, die im Spätsommer vornehmlich die Windwattbereiche des Neuen Bessins sowie des Gellens vor der Ostseeinsel Hiddensee zum Rasten, Mausern und Ruhen nutzen. Im Zentrum von Deutschlands größter Insel, dem Ostseeeiland Rügen, liegt der derzeit größte Mauserplatz der Graugans in den neuen Bundesländern – der Nonnensee vor den Toren der Stadt Bergen.

Bis die Küken der Silbermöwen fliegen können, sind sie auf den Vogelinseln als junge Hüpfer unterwegs. Noch bevor die Flügel ausgebildete Schwungfedern tragen, trainieren die Vögel das Springen und Flügelschlagen. ◀

Bevor im Herbst die Zugvögel aus dem Norden an die Ostseeküste kommen, sammeln sich dort die heimischen Graugänse an Rast- und Mauserplätzen – so wie hier im Windwatt vor der Insel Hiddensee. ▶

Der derzeit größte Mauserplatz der Graugans in den neuen Bundesländern liegt im Zentrum der Insel Rügen am Nonnensee vor den Toren der Stadt Bergen. ▶

HERBST

Jedes Jahr im Spätsommer, wenn die Goldregenpfeifer zwischen den gelb leuchtenden Stoppeln der abgeernteten Getreidefelder nach Nahrung suchen und ihr sehnsuchtsvolles Klagelied pfeifen, ist er nicht mehr weit – der Herbst. Die possierlichen Vögel, die nimmermüden Vorboten der buntesten Zeit des Jahres, sind nicht nur als Wanderer zwischen den Welten unterwegs, sondern auch als Vorhut mächtiger Vogelschwärme. Wenn die Goldregenpfeifer die Landstriche zwischen Bodden und Ostsee wieder verlassen haben, kommen die Zugvögel aus dem hohen Norden übers Meer. Kraniche, Wildgänse, Watvögel – sie alle verlassen ihre nördliche Heimat, um in wärmeren Gefilden die kälteste Zeit des Jahres zu überdauern.

Seit jeher gelten die Küstenlinien der südlichen Ostsee auch als Leitlinien für den Vogelzug. Wenn die Kraniche auf ihrem Weg von Nord nach Süd die Landstriche entlang des Mare Baltikums erobert haben und die Lebensräume zwischen Bodden und Meer zu Tausenden bevölkern, haben sich auf Feldern, Wiesen und Weiden in großer Zahl auch Wildgänse eingefunden. Das ständig schnatternde Federvieh nimmt die gleichen Wege wie die Kraniche, könnte gar mit ihnen fliegen – ist auf der langen Reise jedoch auf sich allein gestellt und trifft erst an den Rastplätzen mit den Kranichen zusammen. Wann immer die grauen Eminenzen auf der kargen Ackerkrume ihre eleganten Tänze zur Aufführung bringen, scheinen die Wildgänse Spalier zu stehen und den majestätischen Schreitvögeln ehrfurchtsvoll zuzuschauen.

Direkt an den Küstenlinien, zwischen Spülsaum und Düne, nimmt ein anderes Naturspektakel seinen Verlauf. Gewaltige Vogelschwärme vollführen dicht über den Wellen der Ostsee ein rasantes Auf und Ab, zeigen beeindruckende Flug- und Wendemanöver, bei denen kein einziger der zahllosen Vogelleiber aus der Reihe tanzt. Es sind viele kleine Watvögel – scheinbar zu einem einzigen, großen Organismus zusammengeschlossen – die den Gesetzen der Schwerkraft trotzen. Sekunden später senkt sich der fliegende Teppich sacht an der Wasserkante herab, gibt die gefiederten Akteure der Flugshow frei. Zwischen Muscheln, Tang und Steinen suchen, stochern und stöbern die äußerst flinken Watvögel nun nach Fressbarem.

Im Herbst ticken die inneren Uhren vieler Ostseevögel anders. Die hektischen Zeiten von Brut und Jungenaufzucht sind überwunden, erste Etappen des langen Zugweges liegen hinter ihnen. Das Vogelleben wird langsamer, ruhiger und hält nur noch wenig Stress und Gefahren bereit. Abgesehen von den Wildgänsen, die an einigen Küstenabschnitten der südlichen Ostsee noch immer bejagt werden. Kraniche und Watvögel haben es da deutlich besser – sie sind ganzjährig geschützt. In den Wochen der Rast und des Überflusses, den die Zugvögel aus dem hohen Norden zwischen Bodden und Meer erleben, können sich die Weitgereisten ausreichend Kraft- und Fettreserven anfressen. Nur so können sie die einzelnen Flugstrecken in die Winterquartiere absolvieren.

Sie prägen im Herbst das Bild an den Ostseeküsten – gewaltige Vogelschwärme aus dem hohen Norden. ▶

Kraniche – Vögel des Glücks

Zweimal im Jahr legen die *Kraniche* auf ihren Wanderungen quer durch Europa an den Küsten der südlichen Ostsee einen Zwischenstopp ein. Im Herbst auf dem Weg von den Brutgebieten Skandinaviens, Osteuropas und Deutschlands in die Winterquartiere Frankreichs und Spaniens – im Frühjahr in umgekehrter Richtung. Dabei fungiert der Nationalpark „Vorpommersche Boddenlandschaft", der sich vom Darß bis nach Rügen über eine Fläche von 805 Quadratkilometern erstreckt und wesentlicher Bestandteil des Kranichrastplatzes Rügen-Bock-Region ist, als zentrale Drehscheibe. Im Gegensatz zum Frühjahr, in dem die Kraniche überwiegend in den Nächten ziehen und somit das Zuggeschehen kaum auffällt, treten die „Vögel des Glücks" im Herbst inmitten der Rügen-Bock-Region vielerorts in großen Scharen und mit unüberhörbarem Trompeten auf. Die grauen Eminenzen, die von vielen Menschen verehrt und geschätzt werden, lassen den Zug der Kraniche zu einem der letzten echten Naturschauspiele Norddeutschlands werden. Weil sich im Herbst zwischen 50.000 und 70.000 Kraniche auf den Futterflächen und an den Schlafplätzen der Rügen-Bock-Region ein Stelldichein geben, ist dieser Kranichrastplatz einer der bedeutendsten in Mitteleuropa. Den ganzen September und Oktober tummeln sich die grauen Tänzer zwischen Bodden und Meer, bevor sie Anfang November weiterziehen.

Wanderer zwischen den Welten

Weltweit existieren 15 Kranicharten, die außer in Südamerika und der Antarktis in allen Erdteilen beheimatet sind. Einige gehören zu den größten transkontinentalen Zugvögeln – darunter auch der Graukranich.

Kraniche besitzen eine Flügelspannweite von 2,20 Metern. Mit diesen Schwingen werden vier bis sechs Kilogramm Vogel mühelos durch die Lüfte getragen. Bereits im Flug ist das auffällige Grau der Altkraniche sehr markant und auch aus großer Entfernung gut zu erkennen. ◀

Dank intensiver Schutzmaßnahmen hat sich die Zahl der Kranichbrutpaare in Deutschland von 1.200 im Jahre 1995 auf mehr als 7.000 Paare im Jahre 2012 erhöht. Die Hälfte davon brütet in Mecklenburg-Vorpommern. ▶

Alljährlich kommen tausende Kraniche aus Skandinavien und Ostseuropa an die vorpommersche Ostseeküste, um sich hier im September und Oktober die nötigen Kraft- und Fettreserven für den Weiterflug in die französischen und spanischen Winterquartiere anzufressen. ▶

Umgangssprachlich werden diese Vögel jedoch meistens nur als Kranich bezeichnet. Wenn der Kranich aufrecht steht, ist er mit einer Größe von bis zu 130 Zentimetern ein nicht zu übersehendes gefiedertes Juwel. Sein Körpergewicht liegt zwischen fünf bis sieben Kilogramm, das von den kräftigen Flügeln, die eine Spannweite von 2,20 bis 2,45 Metern erreichen können, mühelos getragen wird. Wenn Kraniche in Deutschland zur Brut schreiten, können die Landstriche noch unter dem Einfluss von Frost, Eis und Schnee liegen. Die Legezeit wird auf Ende März bis Anfang Mai datiert. In einem Vollgelege können ein bis drei Eier liegen, wobei 90 Prozent aller Kranichpaare zwei Eier ausbrüten. Nach einer Brutdauer von 25 bis 30 Tagen schlüpfen die Küken, die im Vergleich zu ihren Eltern klein und zerbrechlich wirken. Kaum vorstellbar, dass so ein Winzling im rotbraunen Daunenkleid später als erwachsener Kranich einmal Flughöhen von 200 bis 1.000 Metern absolvieren kann. Über den Pyrenäen steigen Kraniche sogar bis zu 4.000 Meter hoch. Während des Zuges sind sie mit Geschwindigkeiten zwischen 45 und 65 Kilometer pro Stunde unterwegs. Bei einer entsprechenden Thermik und mit Rückenwind können Kraniche jedoch auch eine Geschwindigkeit von 80 Kilometern pro Stunde erreichen. Bei guten Energie- und Fettreserven fliegen Kraniche ohne Zwischenstopp bis zu 2.000 Kilometer weit.

In der Zugregion ist für die Kraniche neben den Futterflächen und Schlafplätzen auch das küstennahe Weideland zum Rasten und Ruhen wichtig. ▼

Der Tanz des Kranichs gehört zu den eindruckvollsten Verhaltensweisen heimischer Wildtiere. ▶

Zwischen weiblichen und männlichen Kranichen gibt es keine sichtbaren Unterschiede im Federkleid. Ausgewachsene Männchen sind in der Regel etwas größer und schwerer als die Weibchen. Erwachsene Tiere bestechen durch ihr graues Federkleid, das in der Dämmerung manchmal bläulich schimmert. Die filigranen Schmuckfedern an den Ellenbogengelenken, die schwarz-weiße Kopf- und Halszeichnung sowie der rote Fleck am Hinterkopf sind gleichsam schöne wie markante Merkmale, die den Grauen Kranich zu einem der wunderbarsten Vögel der Ostsee machen. Jungvögel tragen ein braun gefärbtes Federkleid, das nur durch eine rötlich-sandfarbene Kopfpartie aufgelockert wird. In diesem Alter besitzen Kraniche weder Schmuckfedern noch den roten Kopffleck. Die Rufe der Jungvögel sind piepsend und haben mit dem weithin hörbaren Trompeten der erwachsenen Kraniche nichts gemeinsam.

Auf der Futterfläche

Wenn die Kraniche im Herbst über mehrere Wochen im vorpommerschen Küstenland verweilen, haben sie es vornehmlich auf Futtermais abgesehen. Bei der Ernte landen nicht alle Körner in den dicken Bäuchen der Transportfahrzeuge. So bleibt für die Grauen Kraniche genügend Futter zurück. Gerade noch rechtzeitig haben spezielle Fütterungsmaßnahmen eingesetzt, denn in der Vergangenheit war das bis dahin reichhaltige Nahrungsangebot auf den abgeernteten Stoppelfeldern der Rastregionen oftmals stark rückläufig.

Wenn Kraniche in der richtigen Stimmung sind, tanzen am Rastplatz gleich mehrere Vögel gemeinsam. ▼

Obwohl erwachsene Kraniche Pflanzenfresser sind, suchen sie in der Wiese zusätzlich nach Insekten. ▶

Zum Abend verlassen Kraniche das Festland und suchen Schlafplätze im Flachwasser auf. ▶

Damals waren die Kraniche zum Schaden der Landwirte häufig auf Neusaaten ausgewichen. Immerhin benötigt ein Vogel bis zu 300 Gramm Körnernahrung täglich. Die Lösung brachten Ablenkfütterungen, die bis heute durch die Länder und die Projektgruppe „Kranichschutz Deutschland“ finanziert werden. Seitdem können die Kraniche in Ruhe fressen. Jeden Tag haben die stolzen Vögel bis zum frühen Abend Zeit, ihre Bäuche mit den Maiskörnern zu füllen. Kehrt die Dunkelheit nach neun Stunden allmählich zurück, erfolgt der Start zu den Schlafplätzen.

Am Schlafplatz

Neben den Futterflächen sind für Kraniche auch die Schlafplätze sehr wichtig. Da Kraniche gegen Ende des Tages das Festland verlassen, um die Nacht stehend im Flachwasser zu verbringen, benötigen die „Vögel des Glücks“ geschützt liegende Sandbänke, verlandete Schilfzonen sowie weitläufige Windwattbereiche. Hier sind die eleganten Vögel sicher vor Feinden – beispielsweise vor Marderhunden, Rotfüchsen oder streunenden Haushunden. Den anstrengenden Flug von mehreren tausend Kilometern können die grauen Tänzer nur schaffen, wenn weltweit wichtige Naturräume geschützt werden. Fehlt auch nur ein Trittstein oder sind notwendige Nahrungsgrundlagen bedroht, ist der Kranich gefährdet. Während des Zuges sind es vor allem einzelne Sportbootfahrer oder Besucher der Nationalparkregion, die sich nicht an die Regeln halten und an Futterflächen oder Schlafplätzen stören.

Für die Kraniche ist es im Herbst ein glücklicher Umstand, dass im Küstenland immer mehr abgeerntete Maisfelder als Nahrungsflächen zur Verfügung stehen. Jeder Vogel benötigt 300 Gramm Körnernahrung pro Tag. ◀

Sonnenaufgang am derzeit größten Einzelschlafplatz des Kranichs in Europa. Vor der Insel Großer Werder nahe Pramort/Zingst können bis zu 38.000 Kraniche die Nacht verbringen – je nach Wasserstand auf einer Sandbank im Bodden oder im Windwatt der Ostsee. ▶

Wenn das Licht des Tages am Abend mehr und mehr schwindet, verlassen die Kraniche ihre Futterflächen und streben in kleineren Gruppen den geschützt liegenden Schlafplätzen entgegen. Hier verbringen sie die Nacht, bis sie die Morgensonne am nächsten Tag weckt und sie abermals zur Nahrungssuche aufbrechen. ▶▶

Wildgänse – Gäste aus dem hohen Norden

Wenn die Zeit des herbstlichen Vogelzuges angebrochen ist, kommen aus Richtung Norden Tausende von Wildgänsen an die Küsten der südlichen Ostsee, um nach einer mehrwöchigen Rast die Winterquartiere im Süden aufzusuchen. Die Populationen fast aller Gänsearten brüten im kurzen Sommer der Arktis und kommen zum Überwintern zu uns nach Mittel- und Westeuropa. Ein riskantes Leben zwischen zwei Welten. Da Wildgänse ein breit gefächertes Nahrungsspektrum nutzen, sind sie in den Rastregionen auf den unterschiedlichsten Untergründen anzutreffen. Die so genannten Grauen Gänse (Gattung Anser) nutzen am häufigsten abgeerntete Mais- und Getreidefelder für die Nahrungssuche. Grau-, Saat-, Kurzschnabel-, Bläss- und Zwerggänse sind jedoch auch auf Äckern mit auflaufender Wintersaat, Raps oder Kohl anzutreffen. Dagegen sind küstennahe Salzwiesen oder saftige Grünlandflächen im Schutz von Deichen überwiegend bei den Meeresgänsen (Gattung Branta) beliebt. Hier können Kanada-, Nonnen-, Ringel- und Rothalsgänse ausreichend Nahrung finden. Mit einsetzender Dämmerung suchen Wildgänse geschützt liegende Schlafplätze auf, die sich zumeist in abgelegenen Gewässerzonen mit breiten Schilfgürteln befinden.

Feldgänse

Auffälligster Vertreter der Grauen Gänse – auch Feldgänse genannt – ist die *Saatgans*. In Körperbau und Größe liegt diese Art zwischen Graugans und Blässgans. Charakteristisch ist die dunkle Färbung von Kopf und oberem Hals, die sich deutlich vom übrigen Gefieder absetzt, insbesondere der hellen Brust. Der braune Rücken ist stärker mit weißen Querbändern gezeichnet als bei den anderen Arten. Die Schnabelfärbung variiert stark und kann im Extrem dunkel mit schmaler orangefarbener Binde oder auch völlig orange sein.

Blässgänse sind auch im Flug gut zu erkennen, da die schwarze Querbänderung auf der Körperunterseite der Alttiere auch aus großer Entfernung sichtbar wird. ◀

Bei der Herbstrast der nordischen Blässgänse an der vorpommerschen Ostseeküste verweilen die Vögel tagsüber gern auf abgeernteten Maisfeldern, wo sie sich mit den verbliebenen Ernteresten stärken. ▶

Jungen Blässgänsen fehlt nicht nur die markante Blässe über dem Schnabel, sondern auch die schwarze Querbänderung am Bauch, die dieser Wildgans auch den Namen „Tigergans" einbrachte. ▶

Zur Unterscheidung von Blässgänsen dienen am besten der dunkle Kopf und die orangefarbene Schnabelzeichnung. Von Graugänsen unterscheiden sich Saatgänse neben Kopf und Schnabel vor allem durch die Beinfarbe, die bei der Graugans nicht orange, sondern rosa ist.

Die *Blässgans* ist die häufigste arktische Gänseart in Europa. Ihr Überwinterungsgebiet reicht von Kasachstan über das Kaspische und Schwarze Meer bis nach Belgien und England. Ihre Anzahl wird derzeit auf 1,3 Millionen Individuen geschätzt. Der größte Anteil davon überwintert in Westeuropa. Blässgänse sind etwas kleiner als Saatgänse und Kurzschnabelgänse. Erwachsene Vögel sind an ihrer charakteristischen weißen Blässe auf der Stirn sowie der schwarzen Bauchfleckung erkennbar. Die Bauchstreifen bilden ein individuelles Muster und können vom Unterbauch bis auf die Brust reichen. Der Schnabel ist blass rötlich bis fleischfarben, die Beine dagegen sind orange. Im Stehen reichen die Flügelspitzen nur bis zum Schwanzende. Die Färbung von Kopf und Oberhals ist nur wenig dunkler als die der Oberseite.

Die Graugans ist die einzige heimische Wildgans an der südlichen Ostseeküste. Wenn ihre gefiederten Verwandten aus dem hohen Norden die Landstriche an Bodden und Meer bevölkern, ist die größte der grauen Gänse bereits in wärmere Gefilde abgewandert. ▼

Blässgänse brüten in der arktischen Tundra und leben besonders außerhalb der Brutzeit sehr gesellig. Sie übernachten in geschützten Flachwasserzonen. ▶

Wie eine kleinere Ausgabe der Blässgans mutet die *Zwerggans* an. Im Vergleich zu ihren größeren Schwestern besitzen diese Vögel kürzere Hälse sowie kleinere Köpfe und Schnäbel. Bei der Zwerggans umfasst die Blässe nicht nur den Bereich über der Schnabelwurzel, sondern auch die ganze Stirn. Außerdem besitzen diese Vögel einen auffallenden Augenring von gelber Färbung. An der Ostseeküste werden Zwerggänse als Einzeltiere, Paare oder in kleinen Gruppen beobachtet – oft in Gemeinschaft mit Bläss- und Saatgänsen.

Graugänse brüten in Skandinavien und Mitteleuropa. Damit stellt die Art den einzigen bei uns heimischen Brutvogel dar. Den Winter verbringen Graugänse in Mittel- und Westeuropa, südlich bis nach Spanien. Die mittel- und nordeuropäische Brutpopulation umfasst gegenwärtig rund 400.000 Tiere. Die Graugans ist die größte der grauen Gänse und deutlich kräftiger gebaut als eine Saatgans. Das Gefieder ist überwiegend grau gefärbt – daher der Name. Der Schnabel ist kräftig, fast dreieckig und leuchtend orange. Die Beine sind matt rosa gefärbt (fleischfarbig).

Die Kanadagans, die dem Namen nach eigentlich nach Nordamerika gehört, wurde Mitte der 1960er Jahre in Schweden eingebürgert. Von dort aus hat sich diese Wildgans über weite Teile Europas ausgebreitet und ist inzwischen auch an den Küsten der Ostsee ein regelmäßiger Brutvogel. ▼

Die Zwerggans mutet wie eine kleinere Ausgabe der Blässgans an, hat aber im Vergleich zu dieser Art eine größere Blässe sowie einen gut sichtbaren Augenring. Außerdem geht und frisst die Zwerggans am Boden schneller. ▶

Meeresgänse

Der größte Vertreter aus der Gattung der Meeresgänse ist die *Kanadagans*. Diese Art stammt ursprünglich aus Nordamerika, wurde Mitte der 1930er Jahre jedoch auch in England und Schweden eingebürgert. Heute existieren vor allem in Mittel- und Westeuropa zahlreiche Brutpopulationen. Das Zugverhalten dieser Vorkommen ist unterschiedlich stark ausgeprägt. Die skandinavische Brutpopulation hat ein eigenes Zugverhalten entwickelt und überwintert in Südschweden und Deutschland – überwiegend an der Küste von Mecklenburg-Vorpommern. In Deutschland brüten derzeit knapp 1.500 Individuen. Die Kanadagans ist die größte bei uns brütenden Gänsearten. Das macht sie jedoch nicht zu einer heimischen Art, denn ohne die Auswilderungen in Europa würde es diese Tiere in unseren Breiten gar nicht geben. Der Körper ist braun, Kopf und Hals sind schwarz gefärbt. Von der Kehle bis hinter das Auge zieht sich ein weißer Fleck. Die Brust ist hellbraun und wird zu den Flanken hin zunehmend gelblichbraun, kann aber auch so dunkel wie die Flanken sein. Die Oberseite der Kanadagans ist graubraun. Die hellen Federsäume ergeben eine schwache, auf den Schultern deutlicher sichtbare Querbänderung. Rücken, Bürzel und Schwanz sind schwarz, die Oberschwanzdecken und der Unterschwanz weiß. Füße, Beine und Schnabel sind ebenfalls schwarz.

In unseren Breiten sind Kanadagänse meistens in größeren Schwärmen unterwegs. ▼

Kanadagänse finden ihre Nahrung nicht nur auf Feldern, sondern auch auf überschwemmten Boddenwiesen. ▶

Nonnen- oder Weißwangengänse überwintern ebenfalls bei uns. Die Tiere kommen überwiegend aus drei Teilarealen in der europäischen Arktis. Seit Anfang der 1970er Jahre hat sich zudem im Ostseeraum ein Ableger der russischen Brutpopulation etabliert – erst auf Gotland und Öland, später an der Küste Estlands. In den letzten Jahren haben sich weitere Brutpopulationen im Ostseeraum gebildet. Die Gesamtzahl der Nonnengänse nimmt seit den 1970er Jahren deutlich zu. Die in unserem Raum überwinternde baltisch-russische Population wird derzeit auf über 400.000 Tiere geschätzt. Die relativ kleinen, kompakten Weißwangengänse sind wegen ihrer schwarzweißen Gefiederzeichnung unverkennbar: Gesicht und Bauch sind weiß, Hals, vordere Brust und Hinterkopf schwarz, der Rücken schwarz-grau. Im Flug lassen sich Nonnengänse auch aus größerer Entfernung an Hand des kleinen gedrungenen Körpers mit dünnem, kurzem Hals bestimmen.

Die *Ringelgans* ist die kleinste der bei uns in Mitteleuropa regelmäßig auftretenden Gänsearten. Sie ist streng an die Küsten gebunden. Die Ringelgans ist eine typische Meeresgans mit schwarzem, kurzem Schnabel und dunklen Beinen. Sie ist etwas kleiner und schlanker als eine Nonnengans.

Im Vergleich zu den anderen nordischen Wildgänsen bevölkern Weißwangengänse im Herbst die Küsten der Ostsee in geringerer Zahl. ▼

Weißwangengänse bewohnen die kahle Felsenlandschaft arktischer Inseln, überwintern hingegen auf Küstenmarschen und Flutrasen. ▶

Ringelgänse sind kaum größer als Stockenten und fressen an der Ostseeküste hauptsächlich Seegras. ▶

Insgesamt wirken die Vögel dunkel mit weiß leuchtendem Heck (hinterer Bauch und Unterschwanz). Die graubraun gewölkte Unterseite hebt sich bei guter Beleuchtung vom schwarzen Brustschild ab. Aus der Nähe ist der weiße Halsseitenfleck sichtbar. Ringelgänse werden ihrer Lebensweise, die sie als Meeresgänse charakterisiert, mehr als gerecht. Während der Rast im Herbst und im Winter sind diese Vögel häufig direkt in den Uferzonen der Ostseeküsten anzutreffen und ernähren sich dort von Seegras und Grünalgen. Die wohl farbenprächtigste Gänseart Eurasiens ist die *Rothalsgans*. Sie brütet in einem kleinen Bereich der sibirischen Arktis mit einem deutlichen Schwerpunkt auf der Halbinsel Taimyr. Da Rothalsgänse in der Arktis zum Teil gemeinsame Rast- und Mauserplätze mit Nonnen-, Ringel- und Blässgänsen nutzen, kommen immer wieder einzelne Vögel, Paare oder Familien dieser Gänseart bis nach Westeuropa. Mustert man im Herbst auf Feldern oder Wiesen rastende Wildganstrupps mit dem Fernohr durch, kann man mit viel Glück die seltene Rothalsgans entdecken. Ihre auffällige Gefiederzeichnung macht diese Vögel eigentlich unverkennbar, doch kann diese Zeichnung aus der Ferne dunkel, ja sogar weitgehend schwarz mit abgesetztem Weiß an der Flanke sowie am Unterschwanz wirken. Aus der Nähe fallen die rotbraune Brust- und Halspartie, der rotbraune Ohrenfleck sowie die kontrastreiche Weißzeichnung im Gesicht auf. Füße, Beine und Schnabel sind dagegen schwarz.

Seltenes Fotodokument von der Ostsee vor Rügen: Ringelgänse fressen noch spät am Abend das Seegras von den Buhnen der Küstenbefestigung. ▼

Weißwangengänse sind ausgesprochene Küstenvögel, die sich im Flug wie eine kläffende Hundemeute anhören. ▶

Herbstliche Impression vom Wieker Bodden – einem wichtigen Rastgewässer für Wildgänse im Norden Rügens. ▶▶

Watvögel – Wanderer am blauen Binnenmeer

Vögel gibt es zu jeder Jahreszeit an der Ostseeküste, jedoch sind sie im Herbst, wenn sich viele Wanderer auf den Weg machen, hier besonders zahlreich anzutreffen. Viele Vögel verlassen ihre in Nord- und Osteuropa gelegenen Brutplätze und sind auf der westlichen und südlichen Zugroute unterwegs. Über diese „Schnellstraßen des Vogelzugs" erreichen sie wärmere Gebiete, um dort zu überwintern. Die Küsten der südlichen Ostsee bieten den gefiederten Wanderern nährstoffreiche Bodden, flache Meeresbuchten sowie ideale Rastmöglichkeiten auf den angrenzenden Feldern und Wiesen.

Eine Wolke aus Vögeln

Während es zur Brutzeit verhältnismäßig wenige Schnepfenvögel an unserer Küste gibt, konzentrieren sich hier bei den Wanderungen im Herbst besonders viele Watvögel. Große Schwärme von ihnen verweilen in stillen Boddenbuchten, an ruhigen Meeresufern und in geschützten Feuchtgebieten. In diesen kostbaren Naturräumen an der Küste finden die zahlreichen Watvögel ideale Rast- und Aufenthaltsbedingungen. Das seichte Wasser und der Boden sind nahrungsreich, windstille Buchten bieten Schutz. Die Vögel stochern mit dem dafür besonders ausgebildeten Schnabel im Schlamm, Sand und Spülsaum nach Insekten und deren Larven, nach Kleinkrebsen, Würmern, Muscheln und Schnecken. Auch bei den Schnepfenvögeln, Regenpfeifern und Strandläufern dient die Rast dem „Energieauftanken" für den langen Flug ins Winterquartier.

Besonders imposant sind die Flugmanöver der Watvögel. Dabei zeigen sich dem Auge des Betrachters viele Einzelindividuen zu gewaltigen Schwärmen zusammengefasst – zu dichten Wolken aus Vogelleibern. Die unterschiedlichsten Flugmanöver werden völlig synchron ausgeführt – ob scharfe Kurven oder abrupte Wendungen, ob rasant auf oder ab, ob blitzartig hin oder her.

Bei den herbstlichen Wanderungen der Watvögel, die aus dem Norden an die Küsten der südlichen Ostsee kommen, verweilen mitunter große Schwärme an den Meeresufern. Dort suchen die Schnepfenvögel – im Bild Sanderlinge – im Spülsaum nach Nahrung. ◀

Zu den außergewöhnlichsten Naturerscheinungen aus der Welt der Vögel gehören die imposanten Flugmanöver der Watvögel. Zu großen Schwärmen zusammengefasst, zeigen viele einzelne Tiere völlig synchrone Bewegungen. ▶

Zu den possierlichsten Schnepfenvögeln gehört der nur starengroße Alpenstrandläufer. Im Herbst ist er der häufigste Watvogel an der Ostseeküste. ▶

Kein Vogel stößt gegen den anderen, kein Exemplar tanzt aus der Reihe. Jeder einzelne Vogel achtet strikt auf die korrekte Einhaltung der Abstände zum Vorausfliegenden sowie zu den Artgenossen links und rechts. Nur so können Wissenschaftler erklären, warum ein derartiges Flugverhalten im Schwarm überhaupt möglich ist.

Suchen, Stochern, Stöbern

Schnepfen, Brachvögel, Wasserläufer, Strandläufer und andere Gattungen bilden die größte Familie dieser Vogelgruppe. Viele der Watvögel, die im Herbst in großer Zahl an den Küsten der Ostsee einen Zwischenstopp einlegen, sind hier auch als Brutvögel anzutreffen. Eingehend beschrieben werden diese Arten in den Kapiteln „Auf den Vogelinseln" und „An den Bodden". Zu jenen Watvögeln, die auf ihren Wanderungen im Herbst und Frühjahr am Binnenmeer zwischen Spülsaum und Düne in großer Zahl anzutreffen sind, gehört der *Alpenstrandläufer*. Dieser kleine, kurzbeinige Vogel liest mit seinem flachen, nach unten gebogenen Schnabel Nahrung vom Boden auf und bohrt mit ihm im Schlamm und Tang. Da diese Vögel, die in Skandinavien und Osteuropa brüten, bei ihren Wanderungen auch die Küsten der Ostsee besuchen, hat man hierzulande gute Chancen, Alpenstrandläufer zu beobachten. Während des Zuges stellen die nur starengroßen Vögel die häufigste Watvogelart. Im Brutkleid sind die rostroten Federsäume auf der schwarzen Oberseite ebenso auffällig, wie die weiße Unterseite mit dem schwarzen Bauchschild.

Beim fast taubengroßen *Dunklen Wasserläufer* könnte sich beim unkundigen Beobachter schnell eine Verwechslung mit dem Rotschenkel einstellen. Jedenfalls dann, wenn die Wasserläufer das Ruhekleid tragen. Im Brutkleid sind sie mit ihrem russschwarzen Oberkörper, der mit weißen Tupfern übersät ist, unverkennbar. Im Schlichtkleid ist die Ähnlichkeit größer, doch sieht man auch im Ruhekleid beim Wasserläufer noch weißliche Tropfenflecken auf grauem Untergrund. Dunkle Wasserläufer sind deutlich größer als Rotschenkel und besitzen einen längeren Schnabel, der an der Basis rot ist. Auf dem Höhepunkt des spätsommerlichen und frühherbstlichen Mauserzuges versammeln sich vielerorts tausende Dunkle Wasserläufer.

Von den im Herbst an der Küste durchziehenden Regenpfeiferarten kommt der *Goldregenpfeifer*, den man leicht mit dem gleichgroßen *Kiebitzregenpfeifer* verwechseln kann, am zahlreichsten vor. Besonders im Spätsommer und Frühherbst sind diese Regenpfeifer aus dem hohen Norden in großer Zahl auf den Stoppelfeldern der Küstenregionen anzutreffen. Dass es Regenpfeifer sind, die in so großen Schwärmen auf den Feldern verweilen, ist leicht zu erkennen.

Bei ihren Wanderungen schließen sich Alpenstrandläufer zu großen Schwärmen zusammen, um es möglichen Feinden schwerer zu machen, sie zu jagen. ◀

Im Prachtkleid ist der Alpenstrandläufer mit seinem rotbraunen Rücken und dem schwarzen Bauchschild sehr markant gefärbt und dadurch unverwechselbar. ▶

Ähnlich große Versammlungen auf den Feldern bildet nur noch der Kiebitz, der jedoch zu den „volkstümlichen“ Vögeln gehört und selbst von Laien gut zu erkennen ist. Gold- und Kiebitzregenpfeifer kann man am besten im Flug unterscheiden. Kiebitze und Regenpfeifer kann man in unseren Breiten oftmals vergesellschaftet auf den Feldern antreffen. Beide Regenpfeiferarten tragen halbmondförmige Flecken unter ihren Achseln. Die Flecken des Goldregenpfeifers sind weiß gefärbt, die des Kiebitzregenpfeifers dagegen schwarz. Im Ruhekleid ist die Brust des Goldregenpfeifers hell goldgelb gefärbt und zusätzlich mit schwarzen Flecken übersät, der Bauch ist weiß. Im Gegensatz zum Goldregenpfeifer wirken Kiebitzregenpfeifer dicker. Außerdem besitzen sie im Flug weiße Flügelbinden sowie einen weißen Bürzel.

Auch der drosselgroße *Steinwälzer* zieht auf dem Weg in die Winterquartiere, die sich im Nordseegebiet und in Südwesteuropa befinden, vorwiegend an der Ostseeküste entlang. Steinwälzer haben eine besondere Technik, mit der sie an verborgene Nahrung kommen: Sie ducken sich vorne ab, schieben Schnabel und Stirn unter ein Objekt und kippen es mit einem starken Ruck von Kopf und Nacken um. Das können Steine, Hölzer und Plastikflaschen ebenso sein wie Algen und Muscheln. Dieses Verhalten verhalf dem Steinwälzer zu seinem Namen. Er ist der bunte Harlekin unter den Watvögeln. Er wirkt gedrungen und kompakt. Er besitzt einen kräftigen, schwarzen Kegelschnabel und kurze, orangerote Beine. Durch seine schwarze Gesichtsmaske, den weißen Kopf und die schwarze Brust ist der Steinwälzer unverkennbar.

Ein kugelrunder, aktiver, lerchengroßer Watvogel mit kurzem Schnabel, der den hereinbrechenden Ostseewellen vor- und nachläuft, ist der *Sanderling*. In Europa sieht man diesen Vogel nur im Ruhekleid. Das ist durch eine hellgraue Färbung auf der Oberseite und durch eine weiße Färbung auf der Unterseite gekennzeichnet. Damit wirkt der Sanderling vor den blaugrauen Wellen so weiß wie kein anderer Watvogel – ein unverkennbares Merkmal bei der Beobachtung. Selbst der Flügelspiegel erscheint im Flug deutlich weiß. Sanderlinge leben von den winzigen Plankton-Krebsen des Spülsaumes, von Zweiflüglern und anderen kleinen Insekten, ferner von kleinen Weichtieren und Meereswürmern.

Für alle Watvögel ist typisch, dass sie sich vornehmlich in Flachwasserzonen versammeln und dort nach Nahrung suchen. Da machen auch die Kampfläufer im Ruhekleid keine Ausnahme. ◀

Der Dunkle Wasserläufer kann vom ähnlich aussehenden Rotschenkel vor allem an der hochbeinigeren, langschnäbligeren Gestalt sowie am Fehlen des weißen Feldes auf den Armschwingen unterschieden werden. ▶

Von allen Watvögeln, die im Herbst an den Küsten der Ostsee einen Zwischenstopp einlegen, ist der Sanderling die Art mit dem hellsten Federkleid. Im Winter halten sich diese Tiere fast ausschließlich an sandigen Stränden auf, wo sie tippelnd mit den Wellen auf und nieder laufen und dabei die angespülten Tierchen aufpicken. ▶

WINTER

Tief verschneit präsentiert sich das Küstenland im Winter. Der Frost hat seinen Glitzermantel über die Landstriche an Bodden und Meer gelegt, hält Gewässer, Buhnen und Steine in eisiger Umklammerung. Für die Vögel der Ostsee bricht die härteste Zeit des Jahres an. Diejenigen, die das Küstenland im Spätsommer und Herbst verlassen haben, können den Winter im warmen Süden verbringen. Doch jene Vögel, die zwischen Frost, Eis und Schnee am Binnenmeer ausharren, müssen sich im Kampf mit den Kräften der Natur bewähren. Das Trompeten der Singschwäne ist kilometerweit zu hören, Entenerpel im Prachtkleid verleihen dem tristen Winter farbige Akzente, hungrige Seeadler halten das Vogelvolk in Schach – Leben und Überleben in einer lebensfeindlichen Zeit.

Der Winter ist in unseren Breiten recht vogelarm – abgesehen von den Wasservogelkonzentrationen an den wenigen noch eisfreien Stellen der Küstengewässer. Weite Teile der Küste bleiben über weite Strecken ohne einen einzigen Vogel. Nur wenige winterharte und genügsame Arten können Frost, Eis und Schnee überdauern und trotz anhaltender Kälte ausreichend Nahrung finden. Besonders betroffen sind jene Wasservögel, deren Lebensräume größtenteils zufrieren. Nur noch an eisfreien Stellen finden sich größere Vogelscharen zusammen. Eine schwimmende, strampelnde und flügelschlagende Zweckgemeinschaft, die im Überlebenskampf während der kältesten Zeit des Jahres zusammenhält. Dabei handelt es sich sowohl um einheimische Arten, als auch um nordische Wintergäste. Viele Vögel haben eine Abneigung, das feste Land zu verlassen. Deshalb folgen sie so lange wie möglich den Küsten, wenn diese nur ungefähr in der Richtung ihres Zugweges liegen. Meeresbuchten, Inseln und Boddengebiete sind vor allem aus zwei Gründen für einen kurzen Zwischenstopp im Herbst sowie einen längeren Aufenthalt im Winter günstig: Im seichten Wasser der Meeresbuchten sind die Tiere vor Feinden besser geschützt als an Land. Außerdem finden viele Vögel in den flachen Küstengewässern und den Bodden auch ein reichhaltiges Nahrungsangebot vor. Von jeher bemerkten die Menschen das Verschwinden und die Wiederkehr bestimmter Vogelarten. Früher konnte man sich diese Erscheinung nicht erklären und glaubte sogar, dass die Schwalben den Winter schlafend auf dem Gewässergrund verbringen. Erst durch die Anwendung der wissenschaftlichen Vogelberingung zu Beginn des 20. Jahrhunderts war es möglich, über den Verlauf des Vogelzuges und über die Winterquartiere genauere Kenntnisse zu bekommen. Bis heute wird die Beringung in Deutschland – speziell in den neuen Bundesländern – von der Vogelwarte Hiddensee organisiert, koordiniert, kontrolliert und ausgewertet. Außerdem erfolgen ein reger Austausch sowie eine enge Zusammenarbeit mit den Beringungszentralen anderer Länder.

Im Winter tummeln sich an den wenigen eisfreien Gewässerbereichen alle Wasservögel der Umgebung. ▶

Auf dem Eis

Im Winter, wenn die Felder verschneit und die Gewässer zugefroren sind, haben die meisten Vögel unsere Küsten verlassen. Um der kältesten Zeit des Jahres zu entgehen, verweilen sie in südlicher und westlicher gelegenen Gebieten. Aber auch die südliche Ostsee ist Überwinterungsgebiet für viele nördliche Arten, wenn es die Witterungsbedingungen gestatten. Aufgrund spezieller Strömungsverhältnisse vor den Meeresküsten sowie in einigen Boddengewässern bleiben hier einige Gewässerbereiche eisfrei – selbst bei lang anhaltenden Dauerfrostperioden mit zweistelligen Minusgraden. Auf engstem Raum konzentrieren sich hier große Scharen von Wasservögeln. Allein vor den Küsten der Ostseeinseln Rügen und Hiddensee tummeln sich im Winter bis zu 40.000 Wasservögel. Eine besondere Rolle für diese Wintergäste spielt ein weiteres Feuchtgebiet von nationaler Bedeutung (FNB) an der Ostsee – die Wismarbucht. In den Gewässern um die Insel Poel halten sich zehntausende Reiher-, Tafel- und Bergenten sowie Blässhühner auf. Kaltes Wasser kann sie nicht schrecken. Das dichte, gut mit dem öligen Sekret der Bürzeldrüse eingefettete Gefieder isoliert den Vogelkörper ideal.

Schwäne

Dem Namen nach sind Wasservögel das ganze Jahr über an das nasse Element gebunden – da macht auch die kälteste Zeit des Jahres keine Ausnahme. Die Wasservögel, die den Winter an der Küste verbringen, müssen sich so gut es geht mit den oftmals lebensfeindlichen Bedingungen arrangieren. Solange die Vögel gesund und gut genährt bleiben, das Gefieder gewissenhaft eingefettet wird und große Ansammlungen in den Wasserlöchern ausreichend Schutz vor Beutegreifern bieten, sieht es für Schwan, Ente & Co gar nicht so schlecht aus.

Der Singschwan unterscheidet sich vom gleichgroßen Höckerschwan nicht nur durch seinen gelbschwarzen Schnabel, sondern vor allem durch seine Ruffreudigkeit. Besonders in frostklaren Nächten kann man das Trompeten der Singschwäne kilometerweit hören. ◀

Typisches Bild aus den Wintermonaten an den Bodden und Küsten der südlichen Ostsee: Schwäne, Gänse und Enten bilden eine Zweckgemeinschaft im Überlebenskampf während der kältesten Zeit des Jahres. Dem Herumschwimmen zum Freihalten des Wasserloches folgen ausgedehnte Ruhephasen auf dem Eis. ▶

Wenn der Winter mit zweistelligen Minusgraden sein eisiges Zepter schwingt, wird das Leben für die Wasservögel sehr hart. Diese Kanadagänse haben die Nacht bei minus 20°C mit vereistem Gefieder überstanden. ▶

Die Vögel halten mit ständigem Herumschwimmen die Wasserlöcher eisfrei oder nutzen das benachbarte Eis als Trockenplatz zum Ausruhen und für die Gefiederpflege.
Neben den heimischen Höckerschwänen (siehe Kapitel „An den Bodden“) tummelt sich zwischen den vielen anderen Wasservögeln eine weitere Schwanenart. Sie ist ein typischer Wintergast, der die Küsten der Ostsee besonders in frostklaren Nächten mit ihren weithin hörbaren Trompetenrufen charakterisiert. Der *Singschwan* kommt aus Nordeuropa zu uns und überdauert an den Küsten der südlichen Ostsee die kälteste Zeit des Jahres. Noch ist der Singschwan bei uns nur Wintergast, jedoch führte die positive Bestandsentwicklung in den vergangenen Jahren bereits zu den ersten Bruten in Mitteleuropa. Der hiesige Überwinterungsbestand von rund 3.500 Singschwänen vergesellschaftet sich mit 12.500 Höckerschwänen. Die großen Vögel ernähren sich überwiegend von Wasserpflanzen, die sie gründelnd mit ihren langen Hälsen am Gewässergrund erreichen und abweiden. Im Winterhalbjahr haben Sing- und Höckerschwäne jedoch auch andere Nahrungsquellen im Küstenraum für sich entdeckt. So äsen diese Arten auch gern auf saftigen Wiesen sowie Feldern mit Raps und Wintergetreide. In den Rast- und Überwinterungsgebieten ist der Singschwan deutlich in der Minderheit, vermag jedoch mit seinen lauten Rufen in besonderer Weise auf sich aufmerksam zu machen.

Außerhalb der Brutzeit und besonders im Winterquartier leben Singschwäne sehr gesellig. Jeder Neuankömmling am Sammelplatz wird lautstark begrüßt. ▼

Um dem eisigen Wind möglichst wenig Angriffsfläche zu bieten, macht sich dieser Höckerschwan klein. ▶

Zu unterscheiden ist er vom gleichgroßen Höckerschwan vor allen Dingen durch den gelben Schnabel. Dieser wiederum besitzt eine von der Schnabelspitze zur Mitte breiter werdende schwarze Färbung. Im Flug unterscheidet sich der Höckerschwan durch sein starkes, „pfeifendes" Schwingengeräusch vom Singschwan, der fast lautlos fliegt. Zu beobachten sind Singschwäne in den Wintermonaten vornehmlich in kleinen Gruppen unter Höckerschwänen auf sämtlichen Boddengewässern. Frieren diese zu, zieht das Wasservogelvolk auf die Ostsee um. Hier sind die Tiere besonders häufig in Häfen sowie an Kaikanten und Fähranlegern zu beobachten.
Eine weitere Schwanenart, die bei uns ausschließlich im Winter vorkommt, ist der *Zwergschwan*. Seine Größe entspricht etwa der einer Graugans. Dieser Schwan ist also deutlich kleiner als seine beiden Artverwandten. Hat man keinen Größenvergleich zu Sing- oder Höckerschwan, dienen andere Merkmale als sichere Unterscheidungsmöglichkeiten. Allen voran der gelbe Schnabel, dessen Schwarzanteil deutlich größer ausfällt als beim Singschwan. Das Schwarz reicht beim Zwergschwan bis zu den Nasenlöchern und in der Schnabelmitte manchmal bis zur Stirn. Außerdem wirkt dieser kleine Schwan viel gedrungener als seine beiden Artverwandten, der Kopf ist rundlicher und der Hals kürzer. Der hiesige Überwinterungsbestand an Zwergschwänen beläuft sich auf 800 bis 1.000 Tiere.

Pfeifenten sind nicht nur ausgesprochen hübsche Vögel – als Vegetarier, die sich an der Küste von Seegräsern und Grünalgen ernähren, nehmen sie unter allen anderen Enten damit eine Sonderstellung ein. ▼

Bei den Zwergsägern, die aus dem Norden kommen, ist besonders der schwarzweiße Erpel auffällig. ▶

Entenvögel

Ebenfalls der kleinste Vertreter seiner Gattung und bereits durch die Zusatzbezeichnung „Zwerg" in seinem Namen deutlich gekennzeichnet, ist ein ebenso schöner wie flinker Tauchvogel – der *Zwergsäger*. Er brütet im Bereich von Norwegen bis Nordkamtschatka in Baumhöhlen – genau wie sein großer Verwandter, der Gänsesäger. Die skandinavischen und unmittelbar östlichen Brutvögel sind bei uns Durchzügler und Wintergäste. Bei flüchtiger Beobachtung ist eine Verwechslung der Erpel von Zwergsäger und Eisente möglich. Schwimmend überwiegt bei beiden Arten das weiße Gefieder, nur haben Zwergsäger eine kleine Kopfhaube und Eisentenerpel die „Schwanzspieße". Das Sägerweibchen ist ebenfalls gut zu bestimmen, denn es hat eine kastanienbraune Kappe, die im Wangenbereich scharf gegen ein blendend weißes Gefieder abgegrenzt ist. Die Oberseite ist grauschwarz, die Unterseite hellgrau bis weiß. Von Januar bis März halten sich kleine Zwergsägertrupps unter anderem zwischen Barhöft und dem Grabow, an der Meiningenbrücke bei Zingst, auf dem Bodstedter Bodden sowie an der Westküste Rügens im Bereich des Rassower Stroms auf. Mit etwas Glück kann man im Winter zwischen Schwänen, Enten und Sägern eine Gründelente beobachten, die auffallend schön gefärbt ist – die *Pfeifente*. Der Erpel im Prachtkleid ist durch den rotbraunen Kopf mit der rahmgelben Stirn und das durch ein weißes Feld scharf abgegrenzte schwarze „Heck" im Gelände unverkennbar.

Der laute Pfiff der Pfeifente ist einer der markantesten Wasservogelrufe und signalisiert die Anwesenheit schon lange, bevor man die Vögel sieht. ▼

An der Ostseeküste ist der Zwergsäger nur als Wintergast anzutreffen. Er ernährt sich von kleinen Fischen. ▶

Um den Angriffen des Seeadlers zu entgehen, mischen sich die kleinen Blessrallen gern unter Schwäne. ▶

Diese auffällige Musterung wird durch die rötlichbraune Brust, den dunkelgrauen Rücken und die weiß gebänderten dunkelgrauen Körperseiten noch unterstrichen. Im Gefieder des Weibchens dominieren braune Farbtöne, die an der Brust und den vorderen Körperpartien nach Dunkelbraun, am Kopf und Hals nach Rotbraun tendieren. So sieht im Schlichtkleid auch das Männchen aus. Die Pfeiflaute, die dieser Gründelente ihren deutschen Namen eingetragen haben, stammen vom Erpel. Es sind kurze, scharf-zweisilbige Laute, die sich mit „wiju" und „wijuu" wiedergeben lassen. Pfeifenten sind Vegetarier, die sich im Winter an den Küsten von Seegräsern und Grünalgen ernähren. Oft kann man sie an den Nahrungsgründen gemeinsam mit Ringelgänsen antreffen, die die gleiche pflanzliche Kost bevorzugen.

Rallen

Neben Schwänen, Gänsen, Enten und Sägern gibt es eine weitere Vogelart, die die kälteste Zeit des Jahres an den eisfreien Gewässerbereichen überdauert. Immer wieder ist hier dieser sonderbar anmutende Vogel zu beobachten, der sich im Winter zu größeren Gruppen zusammenschließt – das *Blässhuhn*. Diese heimische Rallenart – auch Blessralle genannt – brütet in den Schilfgürteln der Bodden sowie auf vielen kleinen Gewässern. Außerhalb der Brutzeit ist diese Ralle sehr gesellig und bildet große Scharen an nahrungsreichen Stellen. Im Winter gesellen sich zu den heimischen Blässhühnern weit gereiste Artgenossen aus nördlichen Brutgebieten. Dann hängt ihre Verweildauer immer auch von den jeweiligen Eisverhältnissen ab. Größere Schwärme von Blässhühnern werden in der kältesten Zeit des Jahres immer wieder von Seeadlern attackiert, die diese schwarzen Federbälle mit Vorliebe erbeuten. Stößt der mächtige Greifvogel von oben herab zu, schließen sich alle Blässhühner auf dem Wasser dicht zusammen, strampeln mit den Füßen und schlagen mit den Flügeln – das Wasser „kocht" und „brodelt". In der Menge bietet sich dem Adler kein Ziel zum Angreifen. Verliert jedoch eine der Rallen die Nerven und versucht auf eigene Faust, den Angriffen des Greifvogels zu entgehen, ist das für diesen Vogel meistens der Anfang vom Ende.

Das Blässhuhn ist ein häufiger und bekannter Vogel, der sich überwiegend von Unterwasserpflanzen ernährt und dabei häufig taucht. Im Winterhalbjahr fressen diese Rallen auch viele Wandermuscheln sowie verschiedene Gräser außerhalb des Wassers. ◀

Mit ihrem pechschwarzen Gefieder, der weißen Stirn, dem ebenso gefärbten Schnabel und den bleigrauen Beinen sind Blässrallen unverkennbar. In Deutschland lebt dieser Wasservogel fast auf jedem Teich. ▶

Sonnenaufgang an einem klaren Wintertag. ▶

Auf offener See

Auch an der Ostseeküste gibt es Riffe, Sandbänke und Lagunen. Die auffälligsten Riffbewohner in der Ostsee sind die Miesmuscheln – Hauptnahrung vieler Meeresenten. Die Miesmuscheln, von denen ein einzelnes Exemplar in nur einem Jahr 10.000 Nachkommen hervorbringen kann, bilden große Kolonien und schaffen dadurch sogar eigene Riffe. Auf den Muscheln und auf Steinen leben Seepocken. In den Zwischenräumen kommen massenhaft Borstenwürmer und Kleinkrebse, aber auch kleine Fische vor. Schwärme von Schwebegarnelen halten sich im Strömungsschatten der Riffe auf. Dieser nahrungsreiche Lebensraum wird gern von Wasservögeln aufgesucht, die Muscheln und Kleintiere fressen – beispielsweise Reiher-, Tafel-, Eis- und Eiderenten.
Im Vergleich zu Riffen sind Sandbänke zwar relativ artenarm, Muscheln, Kleinkrebse und Borstenwürmer können aber auch hier sehr große Bestände erreichen. So sind 2.000 bis 3.000 Tiere pro Quadratmeter keine Seltenheit. Genau dieser Nahrungsreichtum lockt viele Meeresenten auf die Sandbänke, die hier nach dem Fressen auch gleich zum Ruhen übergehen können. Jedenfalls dann, wenn es auch Bereiche der Sandbänke gibt, die im Trockenen liegen. Durch Freifallen von Flachwasserzonen entsteht ein Watt. Im Gegensatz zum Gezeitenwatt der Nordsee mit dem vom Mond verursachten Wechsel von Ebbe und Flut, hängen Wasserstandsschwankungen an der Ostseeküste von bestimmten Wetterlagen ab. Starke Winde können das Wasser aus den Bodden und Buchten drücken, so dass einige besonders flache Bereiche trocken fallen. Wenn der Wind dreht oder abflaut, fließt das Wasser zurück. Diese Windwatten sind mit ihrem großen Nahrungsangebot wichtige Rast- und Schlafplätze für Zugvögel.
Viele der für die Ostseeküste so typischen Bodden sind große Lagunen, da sie nur schmale Verbindungen zum Meer aufweisen. Im Gegensatz zu den Lagunen besitzen die Meeresbuchten oder Wieken eine breite Verbindung zur Ostsee.

Auch wenn die Reiherente als Brutvogel in der Regel kleinere Gewässer bevorzugt, verbringt sie den Winter in großen Gruppen auf dem offenen Meer. ◀

Die Eiderente ist die größte und schwerste europäische Ente, die im Flug tief über dem Wasser in Linie oder in V-Formation dahingleitet. ▶

Im Winterhalbjahr profitieren Tafelenten von den Riffen der Ostsee, an denen zwischen Muscheln und Steinen massenhaft Kleintiere und Fische leben. ▶

Dadurch kann relativ nährstoffarmes und sauerstoffreiches Wasser des offenen Meeres leichter eindringen und Übersättigungen mit Nährstoffen treten seltener auf als in Lagunen. Bis zu 7.000 Krebse, Muscheln und andere Kleintiere pro Quadratmeter Meeresboden machen Meeresbuchten zu geeigneten Laich- und Jungfischgewässern besonders für Hering, Grundeln, Hornhecht, Dorsch und Seeskorpion. Kleinfische wiederum stehen auf dem Speiseplan vieler Meeresenten.

Meeresenten

Von den Vögeln, die den Winter in der südlichen Ostsee verbringen, sind die Enten am arten- und zahlreichsten vertreten. Sie lassen sich nach ihrer Lebensweise in zwei Gruppen einteilen: Schwimmenten (auch Gründelenten genannt) und Tauchenten (siehe Kapitel „An den Bodden").
Schwimmenten ragen bei der Nahrungssuche mit dem Hinterteil aus dem Wasser heraus, ihr Schwanz ist aufwärts gerichtet. Sie suchen die Nahrung gründelnd. Das bekannte Kinderlied „Alle meine Entchen . . ." beschreibt das treffend. Gründelenten fliegen unmittelbar vom Wasser auf, während Tauchenten einen kurzen Anlauf benötigen. Sie liegen tief im Wasser, ihr Schwanz ist wenig sichtbar. Tauchenten suchen ihre Nahrung durch Abtauchen in die Tiefe, wozu der tropfenförmige Körper besonders gut geeignet ist. Zur Brutzeit und im Sommer halten sich vor allem Schwimmenten bei uns auf – in der kalten Jahreszeit dominieren Tauchenten aus Nord- und Osteuropa auf den Küstengewässern.
Die häufigste Art von ihnen ist die schwarzweiße *Reiherente* – gut erkennbar an der Reiherfeder am Hinterkopf (bei den Männchen). Oft sieht man sie in dichten Pulks flach über das Wasser hinweg fliegen. In stillen, windgeschützten Meeres- und Boddenbuchten verbringen Reiherenten ganze Tage still auf dem Wasser liegend und gelegentlich nach Nahrung tauchend. Mit der ähnlich aussehenden *Bergente* kann man sie verwechseln. Dem etwas größeren Männchen dieser Art fehlt jedoch der Federschopf am Hinterkopf, auch ist der Rücken nicht schwarz, sondern fein schwarzweiß quer gewellt, so dass er aus einiger Entfernung hellgrau erscheint.
Von den nordischen Entenarten überwintert die *Eisente* oft in großer Zahl an unserer Küste. Diese schmucken Vögel halten sich vorwiegend auf offener See auf.

Die Bergente ist ein ausgesprochener Meeresvogel, der unbeeinflusst von Kälte und Stürmen leben kann. Selbst in schwerer See ist diese Ente ein hervorragender Taucher. ◀

Schellenten können steiler als andere Enten auffliegen und zeichnen sich im Flug durch sehr rasche, klingelnde Flügelschläge aus, die weit zu hören sind. Ihre Nahrung im Meer sind Krebse und verschiedene Weichtiere. ▶

Bergenten können sich im Winter zu gewaltigen Schwärmen zusammenschließen, um die kälteste Zeit des Jahres im Schutz der vielköpfigen Gemeinschaft zu verbringen. Diese Ente lebt auch in der Brutzeit gesellig. ▶

Auffälligstes Merkmal der Erpel sind die spießartig verlängerten, mittleren Schwanzfedern. Bei der Nahrungssuche können diese schönen Vögel bis zu 30 Meter tief zum Grund tauchen. Dort suchen sie vorwiegend nach tierischer Nahrung, wie Muscheln, Krebsen und kleinen Fischen. Da sich Eisentenerpel, die überwiegend weiß gefärbt sind, während der Balz im Winter flach über der Wasseroberfläche jagen, dominiert dann die kastanienbraune bis schwarze Färbung der Flügel. Das Weibchen ist oberseitig dunkelbraun, der Hals ist weiß und die Unterseite hell. Bis zu 60.000 Eisenten überwintern in der Ostsee nördlich der Halbinsel Zingst zwischen Darßer Ort und Hiddensee.

Schellenten, die in Baumhöhlen nördlicher Wälder brüten, kommen als Durchzügler und Wintergäste an die Ostseeküste. Auch bei uns brütet diese markant schwarzweiß gefärbte Tauchente in gewässerreichen Waldungen. Ihr Kopf wirkt durch die verlängerten Scheitelfedern größer als das Haupt anderer Arten. Hinzu kommen der kurze Hals und die untersetzte Gestalt dieser Ente. Der kurze Schnabel und die hohe Stirn der Schellente geben ihrem Kopf eine dreieckige Form. Beim Männchen sind außerdem der flaschengrün schimmernde Kopf sowie der runde, weiße Fleck vor dem gelben Auge markante Merkmale. Wie bei allen Entenarten ist das Weibchen schlicht gefärbt, kann aber ohne große Mühen als Schellente erkannt werden, denn die Proportionen von Körper und Kopf haben sich auch bei der Ente durchgesetzt.

Die größte der in unseren Breiten vorkommenden Meeresenten ist die *Eiderente*. Man erkennt diese Art in jedem Kleid an ihrer markanten Kopfform – bilden doch Stirn und Oberschnabel eine gerade Linie. Ihre Brutgebiete befinden sich an der Küste Skandinaviens.

Eiderenten sind für ihre Daunenfedern bekannt, die sie sich selbst ausrupfen und damit ihre Eier und Jungen bedecken. Seit Jahrhunderten werden diese Daunen in Nordeuropa von Menschen gesammelt. ▼

Der Eiderentenerpel macht mit glucksenden Lauten auf sich aufmerksam. Dafür bläst er seinen Kehlsack auf. ▶

Auf der Ostsee und den Außenbuchten halten sich während des ganzen Jahres Eiderenten auf, aber im Winterhalbjahr kommt es zu größeren Konzentrationen – beispielsweise vor Warnemünde, Stubbenkammer und Kap Arkona. Auffällig ist der stets hohe Anteil junger Männchen, ältere Erpel überwintern auch an den nördlichen Brutplätzen. Eiderenten können von allen Meeresenten am tiefsten tauchen – bis zu 50 Meter erreichen die Tiere. Gelegentlich tauchen Eiderenten auch an Buhnen nach Muscheln.

Meeresvögel

Von den zahlreichen Meeresvögeln, die das ganze Jahr über im Küstenraum präsent sind, fallen im Winter besonders die Großmöwen auf. Ähnlich wie Adler, Bussarde, Raben und Krähen lauern auch sie in der Nähe eisfreier Gewässerbereiche auf leichte Futtergaben der Natur. Genau wie die Greif- und Krähenvögel fressen auch Großmöwen in der kältesten Zeit des Jahres Aas. Neben der Silbermöwe, die im Kapitel „Auf den Vogelinseln" eingehend beschrieben wird, fällt in den Wintermonaten an der Küste auch die *Mantelmöwe* auf. Diese Großmöwe trägt ihren Namen zu Recht, denn ihre schwarzen Flügeldecken und der ebenso gefärbte Rücken umgeben den Vogel wie ein Mantel.

Unverkennbar sind auch – wie bei der Silbermöwe – der gelbe Schnabel mit dem roten Fleck sowie die fleischfarbenen Beine.

Der Vollständigkeit halber seien an dieser Stelle noch zwei Vogelgruppen erwähnt, deren Vertreter vom allgemeinen Strandwanderer in der Regel jedoch nie gesehen werden – die Seetaucher und die Alken. Neben den Lappentauchern (Hauben-, Rothals-, Schwarzhals-, Ohren- und Zwergtaucher), von denen einige zwischen Bodden und Meer brüten, die jedoch nicht zu den typischen Küstenvögeln zählen, legen an der Ostsee alljährlich auch Seetaucher auf dem Durchzug einen Zwischenstopp ein. Als auffälligste Vertreter dieser perfekt an das nasse Element angepassten Vögel, die im hohen Norden brüten und am Mittelmeer überwintern, gelten *Sterntaucher* und *Prachttaucher*.

Äußerst selten kommen an den Küsten der südlichen Ostsee die Alken vor. Das sind Vögel der offenen Meere, die auf den Laien wie kleine Pinguine wirken. Zu jenen Arten, die an unseren heimischen Küsten regelmäßig in geringer Zahl beobachtet werden können, gehören *Trottellumme, Tordalk, Gryllteiste* und *Krabbentaucher*. Die meisten Nachweise der Alke an den Küsten der Ostsee kommen durch das Auffinden verendeter Vögel in Fischernetzen zustande.

Die Mantelmöwe, die durch ihre dunklen Flügeldecken sehr gut auffällt, ist die größte Möwenart, die man an den Küsten der südlichen Ostsee beobachten kann. ◀

Mantelmöwen leben als Brutvögel überwiegend in Nordeuropa, überwintern jedoch regelmäßig in größerer Zahl in südlicher gelegenen Meeresgebieten. ▶

Trottellummen gehören zu den Alkenvögeln, die während der Brutzeit steile Vogelfelsen bewohnen. Auf der Suche nach Nahrung legen sie große Strecken zurück und werden regelmäßig an den Küsten der Ostsee nachgewiesen. ▶

Der Winter zwischen Bodden und Meer kann nicht nur sehr hart, sondern auch malerisch schön sein. ▶▶

VOGELSCHUTZ

Die globale Erderwärmung bringt kurz-, mittel- und langfristig gravierende Veränderungen des Klimas und somit unberechenbarere Wetterverhältnisse mit sich. Vor diesem Hintergrund müssen die Ziele der Umweltbildung neu definiert, noch wirksamere Maßnahmen für den Artenschutz gefunden sowie die praktischen Arbeiten in freier Natur den veränderten Gegebenheiten angepasst werden. Das gilt auch und gerade für den Vogelschutz. Dieser sollte sich vorrangig jenen Arten widmen, die akut im Bestand bedroht sind. Vögel, die auf der „Roten Liste" stehen. In dem ständig aktualisierten und von der Deutschen Sektion des Internationalen Rates für Vogelschutz herausgegebenen Datenwerk sind momentan so viele Küstenvögel aufgelistet wie nie zuvor.

Wenn Vögel aus der Landschaft verschwinden, ist das immer ein Alarmsignal. Vögel sind hervorragende Indikatoren für Umweltveränderungen.

Dieser Weißstorch, der aus Schweden über die Ostsee bis zur Insel Rügen gewandert ist, wurde von skandinavischen Wissenschaftlern nicht nur mit Farbringen markiert, sondern auch mit einem Sender versehen. Auf diese Weise liefert der Vogel fortwährend wichtige Zugdaten. ▼

Damals wie heute lässt sich für den Erhalt der Natur vieles über den Vogelschutz erreichen. Nicht selten fangen Schutzbemühungen klein an und werden dann wichtige Türöffner für einen umfassenderen Natur- und Umweltschutz. Inzwischen liegen über hundert Jahre organisierter Vogelschutz hinter uns. Vieles hat sich verändert, vieles wurde verbessert, vieles ist jedoch auch gleich geblieben oder hat sich sogar noch verschärft. Umso verwunderlicher, dass es bis zum 8. November 2009 dauerte, bis auf Initiative des Naturschutzbundes Deutschland (NABU) in Potsdam das erste „Grundsatzprogramm Vogelschutz" verabschiedet wurde. Ornithologen und Vogelschützer hatten es auf den Weg gebracht.

Vogelberingung

Die Beringung und Besenderung von Zugvögeln sowie eine intensive Bejagung der für Brutvögel schädlichen Prädatoren – nur drei von vielen Maßnahmen, die für den Vogelschutz in heutiger Zeit maßgebend sind. Man könnte meinen, die Vogelberingung wäre ein Relikt aus vergangener Zeit, würde heute nicht mehr wichtig sein. Weit gefehlt, denn beim Sammeln von Beringungsdaten stehen heute nicht mehr die Fragen nach dem Woher und Wohin im Vordergrund. Vielmehr sind Erkenntnisse von Interesse, die belegen, wie einzelne Brut- und Zugvogelpopulationen auf veränderte Bedingungen in ihrem unmittelbaren Lebensumfeld reagieren. Dabei gewinnt das Ausstatten von Vögeln mit Sendern eine immer größere Bedeutung. Mittels Global Positioning System (GPS) lassen sich derartig markierte Tiere 24 Stunden rund um die Uhr „observieren". Jede Bewegung des Vogels lässt sich genau einordnen und liefert den Wissenschaftlern wichtige Daten. Grundlegende und weit reichende Erkenntnisse, die die Vogelberingung niemals hervorbringen könnte.
Den bedrohten Küstenvögeln können kurzfristig nur

Kraniche werden in Europa mit Farbringen so markiert, dass sich bei der Freilandbeobachtung mit leistungsstarken Fernrohren nicht nur das Herkunftsland feststellen lässt, sondern auch das Jahr der Beringung zweifelsfrei zugeordnet werden kann. ▲

konsequente Maßnahmen des Natur- und Artenschutzes helfen. Durch die Ausweisung von großflächigen Schutzgebieten und deren fachlicher Betreuung, durch das ehrenamtliche Engagement von Vogelschützern sowie durch die Beweidung der Vogelinseln in den Nationalparks, Biosphärenreservaten und Naturschutzgebieten können die letzten Rückzugsgebiete dieser bedrohten Ostseevögel auch für nachfolgende Generationen erhalten bleiben.

Beobachtungstipps

Durch eine gute Vorplanung kann man die Anzahl der Vogelbeobachtungen auf einer Wanderung erhöhen. Da sehr viele Arten mehr oder weniger in einem Habitat verweilen, sollte man so viele Habitate wie möglich besuchen. Ein guter Plan ist es, schon früh am Morgen die Wanderung zu beginnen und als erstes zu Sümpfen, Weiden und Wiesen zu gehen, da viele Arten dort direkt nach Sonnenaufgang am aktivsten sind. Im weiteren Tagesverlauf kann man Küstenwälder durchwandern sowie offene Felder, Küsten- und Wasserhabitate aufsuchen, wo die meisten Arten den ganzen Tag über aktiv sind. Manche Küstenvögel haben eine geringe Fluchtdistanz, andere wiederum reagieren sehr empfindlich auf Störungen. Daher sollten sich Beobachter in freier Wildbahn immer langsam und vorsichtig bewegen! Plötzliche, hastige Bewegungen sollten ebenso vermieden werden wie leuchtende Kleidung, die den Beobachter für scheue Vögel auffallend machen. Unentbehrliches Hilfsmittel für die Vogelbeobachtung ist natürlich ein Fernglas – am besten mit einer zehnfachen Vergrößerung. Ein handliches Bestimmungsbuch mit den Vogelarten Europas sowie ein Notizbuch für eigene Aufzeichnungen sollten ebenfalls zur Grundausstattung gehören. Wer eigene Beobachtungen notiert, sollte wichtige Daten nicht vergessen – beispielsweise Anzahl der Tiere, Ort, Datum, Uhrzeit, Zugrichtung und Wetter.

Für die Beobachtung von Vögeln in freier Wildbahn sind leistungsstarke Ferngläser und Spektive eine Grundvoraussetzung. Anfänger sollten immer auch Bestimmungsliteratur und ein Notizbuch für das Aufzeichnen wichtiger Beobachtungsdaten dabei haben. ▼

Richtiges Verhalten

Fast alle Seevögel sind Bodenbrüter. Ihre Eier besitzen eine hervorragende Schutzfärbung und sind von ihrer Umgebung kaum zu unterscheiden. Wo man einen Brutplatz vermuten kann, ist bei Wanderungen am Strand oder über Wiesen Vorsicht geboten. Leicht werden solche Gelege übersehen und zertreten. Wenn die Jungen geschlüpft sind, verhalten sich die Altvögel bei Gefahr ganz charakteristisch: Sie „verleiten", indem sie sich krank oder flugunfähig stellen und unbeholfen flüchten, um den Feind aus der Nähe der Jungen wegzulocken. Die winzigen Dunenjungen, die als Nestflüchter ihre Brutstätte gleich nach dem Trocken verlassen, drücken sich beim Ertönen der elterlichen Warnrufe flach auf den Boden und sind infolge ihrer Tarnfarbe nahezu unsichtbar. Bei Strandwanderungen findet man mitunter verendete Vögel. Wenn sie noch gut erhalten sind oder wenn es sich um seltene Nachweise handelt, hat das Meeresmuseum Stralsund daran Interesse. In vielen Ländern werden Vögel beringt. Die Ringe solcher markierten Tiere sind mit Angaben über Artzugehörigkeit, Fundort und -datum an die Stralsunder Beringungszentrale der Vogelwarte Hiddensee zu schicken. Gleiches gilt auch für Ablesungen von Nummern- und Zahlencodes an gesunden Tieren mittels Fernglas oder Fernrohr – beispielsweise auf größeren Markierungen wie Halsringen oder Flügelmarken bei Schwänen und Gänsen.

Wer die Vögel der Ostsee in der freien Natur beobachten möchte, sollte sich nicht nur langsam und zurückhaltend bewegen, sondern zusätzlich wetterfeste und unauffällige Kleidung tragen. ▶

Um die letzten Vorkommen der Küstenvögel zu schützen, sind manchmal auch außergewöhnliche Maßnahmen erforderlich. In diesem Fall wurde das Nest eines Sandregenpfeifers mit einem Drahtkorb geschützt, der den Vogel zwar nicht am Brüten hindert, jedoch Feinde abhält. ▶

Register und Vogelnamen

Die Seitenzahlen in normalem Druck verweisen auf die Informationen zu den jeweiligen Vogelarten, die in fettem Druck auf die Abbildungen.

A
Alpenstrandläufer (Calidris alpina) 128, **127 - 129**
Austernfischer (Haematopus ostralegus) 52, **52, 53, 91**

B
Bekassine (Gallinago gallinago) 60, **61, 62**
Bergente (Aythya marila) 146, **146, 147**
Blässgans (Anser albifrons) 114, **112, 113, 115**
Blässhuhn (Fulica atra) 142, **141 - 143**
Brandgans (Tadorna tadorna) 26, **26, 27**
Brandseeschwalbe (Sterna sandvicensis) 46, **48, 49**

D
Dunkler Wasserläufer (Tringa erythropus) 128, **131**

E
Eiderente (Somateria mollissima) 148, **145, 148, 149**
Eisente (Clangula hyemalis) 146

F
Flußseeschwalbe (Sterna hirundo) 44, **44, 45, 95**

G
Gänsesäger (Mergus merganser) 84, **86, 87, 94**
Goldregenpfeifer (Pluvialis apricaria) 128
Graugans (Anser anser) 64, **66, 67, 99, 114**
Graureiher (Ardea cinerea) 82, **82**
Großer Brachvogel (Numenius arquata) 62, **63**
Gryllteiste (Cepphus grylle) 150

H
Heringsmöwe (Larus fuscus) 44
Höckerschwan (Cygnus olor) 64, **64 - 66, 135, 137, 141**

K
Kampfläufer (Philomachus pugnax) 54, **57, 130**
Kanadagans (Branta canadensis) 118, **116, 118, 119, 135**
Kiebitz (Vanellus vanellus) 58, **58, 60, 90, 95**
Kiebitzregenpfeifer (Pluvialis squatarola) 128
Knäkente (Anas querquedula) 70
Kolbenente (Netta rufina) 74
Kormoran (Phalacrocorax carbo) 84, **84, 85**
Krabbentaucher (Alle alle) 150
Kranich (Grus grus) 102, **102 - 111, 155**
Krickente (Anas crecca) 70, **69**
Küstenseeschwalbe (Sterna paradisaea) 44, **46, 47**

L
Lachmöwe (Larus ridibundus) 32, 34, **33, 38, 39, 92, 95**
Löffelente (Anas clypeata) 70, **70, 71**

M
Mantelmöwe (Larus marinus) 44, 150, **150, 151**
Mittelsäger (Mergus serrator) 30, **30, 31**
Moorente (Aythya nyroca) 74, **75**

N
Nonnengans (Branta leucopsis) 120, **120, 121, 123**

P
Pfeifente (Anas penelope) 140, **138, 140**
Prachttaucher (Gavia arctica) 150

R
Raubseeschwalbe (Sterna caspia) 48
Reiherente (Aythya fuligula) 72, 146, **73, 74, 144**
Ringelgans (Branta bernicla) 120, **121, 122**
Rothalsgans (Branta ruficollis) 122
Rotschenkel (Tringa totanus) 54, **56, 63**

S
Saatgans (Anser fabialis) 112
Säbelschnäbler (Recurvirostra avosetta) 50, **50, 51, 53, 90, 95**
Sanderling (Calidris alba) 130, **126, 131**
Sandregenpfeifer (Charadrius hiaticula) 10, **10, 14 - 16, 157**
Schellente (Bucephala clangula) 148, **147**
Schnatterente (Anas strepera) 72, **72**
Schwarzkopfmöwe (Larus melanocephalus) 44, **40, 41**
Seeadler (Haliaeetus albicilla) 76, **7, 76, 77, 79, 80, 81**
Silbermöwe (Larus argentatus) 32, **32, 34, 35, 90, 91, 93, 95, 98**
Silberreiher (Egretta alba) 82, **83**
Singschwan (Cygnus cygnus) 136, **134, 136**
Spießente (Anas acuta) 70
Steinwälzer (Arenaria interpres) 130
Sterntaucher (Gavia stellata) 150
Stockente (Anas platyrhynchos) 68, **68, 69**
Sturmmöwe (Larus canus) 32, 34, **2, 9, 36, 37**

T
Tafelente (Aythya ferina) 72, **73, 145**
Tordalk (Alca torda) 150
Trottellumme (Uria aalge) 150, **151**

U
Uferschnepfe (Limosa limosa) 52, **54, 55**
Uferschwalbe (Riparia riparia) 20, **20, 24, 25**

W
Weißwangengans (Branta leucopsis) 120, **120, 121, 123**

Z
Zwerggans (Anser erythropus) 116, **117**
Zwergmöwe (Larus minutus) 44
Zwergsäger (Mergus albellus) 140, **139, 141**
Zwergschwan (Cygnus columbianus) 138
Zwergseeschwalbe (Sterna albifrons) 14, 48, **17 - 19**

Wichtige Adressen

Nationalparkamt Vorpommern
Im Forst 5, 18375 Born auf dem Darß
✆ 03 82 34 - 50 20
www.nationalpark-vorpommersche-boddenlandschaft.de

Deutsches Meeresmuseum
Katharinenberg 14 – 20, 18439 Stralsund
✆ 0 38 31 - 2 65 02 10
www.meeresmuseum.de

Beringungszentrale Hiddensee
Landesamt für Umwelt,
Naturschutz und Geologie
Badenstraße 18, 18439 Stralsund
✆ 0 38 31 - 69 62 52
www.lung.mv-regierung.de/beringung

WWF Deutschland
Fachbereich Meere und Küsten
WWF-Projektbüro Ostsee
Knieperwall 1, 18439 Stralsund
✆ 0 38 31 - 29 70 18
www.wwf.de

Ornithologische Arbeitsgemeinschaft Mecklenburg-Vorpommern
Vorstand des Vereins
Lewitzweg 23, 19372 Matzlow-Garwitz
✆ 03 87 26 - 20 60 06
www.oamv.de

Kranich-Informationszentrum
Lindenstraße 27, 18445 Groß Mohrdorf
✆ 03 83 23 - 8 05 40
www.kraniche.de

Über den Autor

Seit seinem 13. Lebensjahr beschäftigt sich Rico Nestmann mit der Ornithologie. In den vielen Jahren seiner Tätigkeit als Vogelkundler wirkte er bei zahlreichen Beobachtungs-, Zähl- und Beringungsprojekten an Bodden und Ostsee mit. Er griff zu Fotokamera und Schreibblock, baute Verstecke und Ansitze in freier Natur, verfasste erste Beiträge für Tageszeitungen und Magazine. Viele Jahre verbrachte er auf Vogelinseln – lebte und arbeitete dort als Vogelwärter und Tierfotograf.

Rico Nestmann, der auf der Ostseeinsel Rügen geboren und aufgewachsen ist, lebt und arbeitet noch heute dort. Inzwischen hat er seine Liebe für die heimische Natur zum Beruf gemacht – ist seit 1996 freischaffender Naturfotograf, Schriftsteller und Journalist. Themenschwerpunkte seiner Arbeiten sind die Tier- und Naturfotografie sowie Publikationen über die heimische Natur. Einschließlich des vorliegenden Bildbandes veröffentlichte Rico Nestmann bisher 14 Bücher in sechs Verlagen (1998 bis 2012) – darunter auch ein Buch über Weißstörche in Dänemark. Hinzu kommen zahlreiche Kalender, Kunstpostkarten-Editionen sowie zahllose Beiträge für regional und überregional erscheinende Printmedien. Fernseh- und Rundfunksender aus nah und fern berichten regelmäßig über die Arbeit des Insulaners, der sich in der Öffentlichkeit außerdem mit Ausstellungen, Vorträgen und Lesungen präsentiert.

Inzwischen legendär und europaweit bekannt sind Rico Nestmanns Bücher über Seeadler und Kraniche. Mit „Vögel der Ostsee“ legt der Rüganer einen Bildband der besonderen Art vor, dem ungezählte Ansitzstunden in freier Natur vorausgingen. Darin wird nicht nur das innige Verhältnis des Insulaners zu seiner Heimat an der Ostsee deutlich, sondern auch zu den besonderen Lebewesen dieser einzigartigen Naturlandschaft – zu den Vögeln der Ostsee.

Rico Nestmann ist Mitglied der Gesellschaft Deutscher Tierfotografen (GDT), der Ornithologischen Arbeitsgemeinschaft Mecklenburg-Vorpommern (OAMV) sowie von Kranichschutz Deutschland (Landesarbeitsgruppe Mecklenburg-Vorpommern).

www.nestmanns-foto.de

VÖGEL DER OSTSEE

Wohl kaum ein anderer Lebensraum am Meer wird von den dort beheimateten Vogelarten so intensiv geprägt wie die Ostsee. Im Schoß des Mare Balticums leben ebenso schöne wie markante Vogelarten. Gefiederte Kostbarkeiten, die den Landschaften am Meer, an Düne, Kliff und Strand ihren unverwechselbaren Stempel aufdrücken. Die Ostsee ist ein 413.000 Quadratkilometer großes und bis zu 459 Meter tiefes Binnenmeer in Europa – das größte Brackwassermeer der Erde.

Sandregenpfeifer